新一代信息通信技术支撑新型能源体系建设
——双新系列丛书

电力数据要素市场建设发展报告

中国能源研究会信息通信专业委员会 组编

·北京·

内 容 提 要

本书聚焦电力与数据要素行业融合，概述电力数据要素市场内涵与外延，梳理国内外电力数据要素市场发展现状，提炼核心问题以及产业价值路径，提出电力数据要素市场的总体架构，对重点环节、基础设施、制度体系、生态体系和发展战略进行分析，归纳电力数据要素市场主流及新兴技术，呈现具有示范意义的经典案例，探讨提出电力数据要素市场建设发展趋势及建议。希望本书能为电力数据要素市场的发展、政策制定的深化以及产业实践的推进提供参考和借鉴。

本书能够帮助读者了解电力数据要素市场发展现状和趋势，给电力数据要素市场相关工作者带来新的思路启发，为电力数据要素市场发展提供参考。

图书在版编目（CIP）数据
电力数据要素市场建设发展报告 / 中国能源研究会信息通信专业委员会组编. -- 北京 : 中国水利水电出版社, 2024. 7. -- ISBN 978-7-5226-2511-9
Ⅰ. TM7
中国国家版本馆CIP数据核字第2024KV2920号

书　　名	电力数据要素市场建设发展报告 DIANLI SHUJU YAOSU SHICHANG JIANSHE FAZHAN BAOGAO
作　　者	中国能源研究会信息通信专业委员会　组编
出版发行	中国水利水电出版社 （北京市海淀区玉渊潭南路1号D座　100038） 网址：www.waterpub.com.cn E-mail：sales@mwr.gov.cn 电话：(010) 68545888（营销中心）
经　　售	北京科水图书销售有限公司 电话：(010) 68545874、63202643 全国各地新华书店和相关出版物销售网点
排　　版	中国水利水电出版社微机排版中心
印　　刷	天津嘉恒印务有限公司
规　　格	184mm×260mm　16开本　9.25印张　225千字
版　　次	2024年7月第1版　2024年7月第1次印刷
印　　数	0001—2000册
定　　价	**128.00**元

编 委 会

前言

电力数据要素市场是围绕电力数据资源的采集、处理、分析、交易和应用等环节所形成的市场体系，是落实新型电力系统、新型能源体系构建、数据要素市场培育等国家发展战略的必要举措，是高质量、高品质、可持续发展国家能源互联网产业的现实需求。

电力数据要素市场不断发展和成熟，有利于加快电力数据开放、共享、流通和交易。20世纪60年代到80年代初电力企业信息化初步启动，电力数据以手工统计和信息汇总为主。20世纪80年代中到2012年，电力企业信息化进程加速，电力数据在行业内部开始大规模汇聚融合和计算分析。2013—2019年，电力数据在此阶段开始爆发性增长，电力数据逐步赋能千行百业。2020年至今，电力数据要素市场进入群体性突破的快速发展阶段，在国家政策加速出台的支持下加快发挥数据要素的放大、叠加、倍增作用。

2023年3月，国家能源局发布《关于加快推进能源数字化智能化发展的若干意见》，提出加强传统能源与数字化智能化技术相融合的新型基础设施建设，释放能源数据要素价值潜力，并计划到2030年，能源系统各环节数字化智能化创新应用体系初步构筑、数据要素潜能充分激活。2023年年底，国家数据局等17部门联合印发《“数据要素×”三年行动计划（2024—2026年）》（国数政策〔2023〕11号），提出实施“数据要素×”行动，就是要发挥我国超大规模市场、海量数据资源、丰富应用场景等多重优势，推动数据要素与劳动力、资本等要素协同，以数据流引领技术流、资金流、人才流、物资流，突破传统资源要素约束，提高全要素生产率。电力行业是资金、技术、装备、数据密集型的国民经济基础性和先导型行业，随着数字化转型浪潮与新型能源革命的相融并进，尤其是数字化带来海量的电力生产和电能使用的发电、输电、变电、配电、用电和调度等各个环节高价值数据，加速应用于各行各业经济生活中，催生能源电力新业态新模式，电力数据正推动生产和生活方式发生深刻的变革，展现出广阔的发展前景。

当前，我国电力数据要素市场已进入高速发展的阶段，电力体制改革成效突出、新型电力系统建设加速、电力数字化转型迈入“深水区”，由此产生的海量数据信息推动生产、流通和交易等呈现出蓬勃发展的态势，爆发式服务需求推动电力数据要素向多行业赋能，通过促进能源要素市场体系化、传统要素配置精准化和产业生态运行智能化等方式，充分发挥数据要素的倍增效应，加快赋能新型能源互联网体系、传统要素互联网体系、产业/工业互联网体系等场景，电力数据将为数字经济时代的快速发展提供重要支撑。与此同时，电力数据要素市场发展也面临着一些挑战，如数据权属不明晰、数据市场监管职能不突出、数据交易双方信任机制尚未建立等，尤其是数据资产的确权、定价等关键环节难以突破，导致电力数据资产入表、会计核算、交易等行为有待大规模开展。

为落实国家能源战略和中央关于发挥数据要素作用的重要指示精神，更好地支撑电力数据要素市场建设发展，发挥数据要素价值，激活数据要素潜能，构建适合电力发展优势的数据要素市场体系，在中国能源研究会信息通信专业委员会和EPTC电力信息通信专家工作委员会组织下，与国网浙江省电力有限公司、复旦大学等产学研用单位共同编制了《电力数据要素市场建设发展报告》。

本书面向电力行业与数据要素行业的融合，促进电力数据要素在千行百业的规模化应用、产业化发展，为规范化、规模化发展电力数据要素市场提供参考与服务。围绕电力数据要素市场建设发展，聚焦打造“1＋3＋3”体系，推动建设电力数据要素市场的基础设施体系、业务支撑体系和场景应用体系，构建制度体系、技术创新体系和市场生态体系，实现电力系统“一盘棋”，释放电力数据价值，助力我国经济高质量发展。本书介绍了电力数据要素市场内涵与外延，并对国际电力数据要素市场发展现状，国内电力数据要素市场历史沿革、发展现状进行梳理，提炼了电力数据要素市场核心问题以及产业价值赋能路径，提出电力数据要素市场的总体架构，对重点环节、基础设施、制度体系、生态体系和发展战略进行一一分析，归纳了电力数据要素市场主流及新兴技术，介绍了电力数据要素市场内优秀的典型案例，探讨提出了电力数据要素市场建设发展趋势及建议。我们希望本书的出版能为电力数据要素市场的发展提供有益的借鉴，为相关政策制定和产业实践提供参考，同时也为社会各界更好地认识和参与电力数据要素市场建设提供启示。

本书由高校、研究院所、产业单位等多家行业内机构共同编写，各单位为成书提供了大量的素材、案例和资源，是各专业机构多年来开展电力数据要素共享、开放与流通交易的实践经验总结。同时，还邀请数据要素行业专家学者对本书进行指导并提出了宝贵意见，在此对所有为本书做出贡献的单位和个人表示衷心感谢！

由于编写水平有限，不能以点带面，书中可能存在纰漏或不成熟之处，欢迎专家、学者给予批评指正。以期群策群力，共促我国电力数据要素市场加快发展。

作者

2024年3月

目录

前言

第1章　电力数据要素市场概述……1
1.1　数据要素市场的内涵与外延……1
1.1.1　相关概念……1
1.1.2　特征分析……2
1.1.3　市场参与主体……3
1.1.4　价值实现过程……3
1.1.5　运作机制……4
1.1.6　细分领域数据要素市场发展态势……5
1.2　电力数据要素市场的发展概述……6
1.2.1　国际电力数据要素市场发展概述……6
1.2.2　国内电力数据要素市场发展概述……8
1.3　发展电力数据要素市场的重大意义……10
1.3.1　发展电力数据要素市场是落实国家发展战略的必要举措……10
1.3.2　发展电力数据要素市场是产业高品质、可持续发展的需要……10

第2章　电力数据要素市场的历史与现状……12
2.1　电力数据要素市场的历史沿革……12
2.2　电力数据要素市场的发展现状……13
2.2.1　电力数据要素市场的现状……13
2.2.2　电力数据要素市场的核心问题……15
2.3　电力数据要素赋能产业价值分析……17
2.3.1　电力数据要素赋能能源要素市场体系化……17
2.3.2　电力数据要素赋能传统要素配置精准化……20
2.3.3　电力数据要素赋能产业生态运行智能化……21

第3章　电力数据要素市场的总体架构……23
3.1　电力数据要素市场发展定位……23
3.2　电力数据要素市场的发展原则与目标……23
3.3　电力数据要素市场发展模式……24
3.4　电力数据要素市场体系的总体构成……24

第4章　电力数据要素市场的发展路径 …… 27
4.1　电力数据要素市场的重点环节 …… 27
4.1.1　数据采集与存储 …… 27
4.1.2　数据登记与备案（确权） …… 28
4.1.3　数据加工及技术服务 …… 31
4.1.4　数据交易与流通 …… 35
4.1.5　数据安全 …… 38
4.2　电力数据要素市场发展的基础设施 …… 41
4.2.1　电力信息基础设施 …… 41
4.2.2　电力流通基础设施 …… 43
4.2.3　电力融合基础设施 …… 45
4.3　电力数据要素市场发展的制度体系 …… 46
4.3.1　产权制度 …… 47
4.3.2　会计认定制度 …… 49
4.3.3　资产登记制度 …… 51
4.3.4　定价制度 …… 53
4.3.5　收益分配制度 …… 54
4.3.6　市场监管制度 …… 56
4.3.7　配套标准的建立 …… 60
4.4　电力数据要素市场发展的生态体系 …… 62
4.4.1　市场供给生态 …… 63
4.4.2　市场流通生态 …… 65
4.4.3　市场应用生态 …… 68
4.4.4　市场监管生态 …… 70
4.5　电力数据要素市场的发展战略 …… 75
4.5.1　完善数据要素市场政策法规 …… 75
4.5.2　加强数据要素市场理论研究 …… 77
4.5.3　开展电力数据要素市场培育试点 …… 80
4.5.4　搭建电力数据要素市场生态联盟 …… 81
4.5.5　强化电力数据要素安全管理能力建设 …… 84
4.5.6　推进电力数据要素市场配套技术设施建设 …… 87
第5章　电力数据要素市场的技术现状与趋势 …… 91
5.1　数据采存 …… 91
5.1.1　数据采集 …… 91
5.1.2　数据存储 …… 92
5.2　数据治理 …… 94
5.2.1　制定数据治理标准 …… 95
5.2.2　监测数据全链路 …… 95

5.2.3 提升数据可用率 …… 96
5.3 数据计算 …… 97
5.4 数据流通 …… 100
5.4.1 基于隐私计算的数据流通技术 …… 100
5.4.2 区块链＋隐私计算技术 …… 102
5.5 数据安全 …… 103
5.5.1 “零信任”安全访问 …… 104
5.5.2 数据脱敏、脱密和隐私计算技术 …… 104
5.5.3 区块链技术 …… 105
5.5.4 主流数据安全技术持续迭代升级 …… 106
5.5.5 单点技术向平台融合创新 …… 106
5.5.6 数据安全智能升级与加速演进 …… 107

第6章 典型案例 …… 108
6.1 “电E贷”——基于电力大数据的“电力＋金融”信贷新模式 …… 108
6.1.1 背景描述 …… 108
6.1.2 案例内容 …… 108
6.1.3 实施成效 …… 111
6.1.4 创新亮点 …… 112
6.2 基于数字技术的财务无纸化创新与实践 …… 112
6.2.1 背景描述 …… 112
6.2.2 案例内容 …… 112
6.2.3 实施成效 …… 115
6.2.4 创新亮点 …… 117
6.3 首创全国首个“电力数据专区”——打造“天猫商城＋线下商超”运营模式 …… 117
6.3.1 背景描述 …… 117
6.3.2 案例内容 …… 117
6.3.3 实施成效 …… 119
6.3.4 创新亮点 …… 122
6.4 煤矿用电安全监管应用 …… 122
6.4.1 背景描述 …… 122
6.4.2 案例内容 …… 122
6.4.3 实施成效 …… 124
6.4.4 创新亮点 …… 125
6.5 数据征信及时雨，助企纾困促发展——基于电力数据资产的“电力＋金融”征信新模式 …… 125
6.5.1 背景描述 …… 125
6.5.2 案例内容 …… 125

6.5.3 实施成效……………………………………………………………………………… 128
6.5.4 创新亮点……………………………………………………………………………… 128
第7章 发展展望……………………………………………………………………………… 130
主要缩略语……………………………………………………………………………………… 133
参考文献 ……………………………………………………………………………………… 136

第1章

电力数据要素市场概述

1.1 数据要素市场的内涵与外延

1.1.1 相关概念

数据和信息，虽然在表面上看似紧密相连，但在概念上却有着明显区别。根据《中华人民共和国数据安全法》给出的定义，数据是指任何以电子或其他方式对信息的记录。而在《信息技术词汇 第1部分：基本术语》（GB/T 5271—2000）中，数据被定义为信息的可再解释的形式化标识，用于通信、解释或处理。

2020年3月，中共中央、国务院发布的《关于构建更加完善的要素市场化配置体制机制的意见》中将土地、劳动力、资本、技术、数据列为五大生产要素。生产要素是一个经济学概念。《辞海》（第七版）将其定义为可用于生产的社会资源。数据要素基于生产要素的定义，是指参与到社会生产经营活动、为使用者或所有者带来经济效益，以电子记录的数据资源。生产要素市场，是从事商品生产所必需的各种生产条件的交换关系的总和或交易场所。除生产资料市场和劳动力市场，还包括资金市场、技术市场以及加速培育中的数据要素市场。

数据要素相关概念的核心，包括数据资源、数据资产、数据要素的概念区分，以及与数据要素市场涉及的数据权利、数据登记、数据定价（收益分配）、数据交易、数据监管（安全合规）等环节相关的概念及定义。

数据资源是数据的自然维度，而数据资产是数据的经济维度。数据资源、数据资产、数据要素三者是不同视角下对数据的认知，体现了对数据价值定位认知的深化。国家工业信息安全发展研究中心发布的《中国数据要素市场发展报告（2020—2021）》、全国信息安全标准化技术委员会大数据标准工作组发布的《数据要素流通标准化白皮书（2022版）》等报告中，都对数据要素、数据资源、数据资产等概念进行了界定，见表1-1。

在本书讨论范围内，我们将数据资源定义为可供人类利用并产生效益的一切信息的总称。根据《信息技术服务 数据资产 管理要求》（GB/T 40685—2021）的定义，数据资产为合法拥有或控制的，能进行计量的，为组织带来经济和社会价值的数据资源。

数据要素市场涉及的概念包括：

（1）数据权利：数据资源持有权、数据加工使用权、数据产品经营权及其相关权利事项。

（2）数据登记：经数据相关权利人申请，数据登记机构根据某种具有法定意义的登记依据，将数据相关信息及权利记录在数据登记系统等载体上予以记载和公示的行为。

表1-1 数据要素、数据资源、数据资产概念比较

序号	来源	概念		
		数据要素	数据资源	数据资产
1	《数据价值化与数据要素市场发展报告（2021年）》	参与到社会生产经营活动、为使用者或所有者带来经济效益、以电子方式记录的数据资源	能够参与社会生产经营活动、可以为使用者或所有者带来经济效益、以电子方式记录的数据	—
2	《数据要素流通标准化白皮书（2022）》	参与社会生产经营活动、为使用者或所有者带来经济效益的，以电子方式记录的数据资源	实质是可供人类利用并产生效益的一切记录信息的总称，并属于一种社会资源	数据资产是合法有用或控制的，能进行计量的，为组织带来经济和社会交织的数据资源
3	《中国数据要素市场发展报告（2020—2021）》	数据作为新型生产要素，具有劳动工具和劳动对象的双重属性	数据资源是载荷或记录信息按一定规则排列组合的物理符号的集合。可以是数字、文字、图像，也可以是计算机代码的集合	数据资产指由个人或企业拥有或者控制的，能够为个人或企业带来经济利益的，以物理或电子的方式记录的数据资源

（3）数据定价：依赖市场类型、参与主体之间的关系和机制设计确定价格，实现数据要素收益分配和市场信号传递，是数据价值的货币化表现形态。

（4）数据交易：数据供方与需方之间以数据商品作为交易对象，进行的以货币或货币等价物交换数据商品的行为。

（5）数据监管：通过出台法律法规、政策文件、标准规范，对数据要素流通全流程进行监管，保障数据要素安全有序流通流转。

1.1.2 特征分析

数据要素的特征源于数据的特征。数据的特征包括其自身属性（虚拟性、多样性、传递性、可加工性等）以及其利用属性（价值性、时效性、不完全性、真伪性等）。

数据相比土地、劳动力、资本、技术等传统生产要素具有独特性。数据要素的主要特征可以归纳为技术特征和经济特征两个方面。

（1）数据是一种技术产物。数据要素的技术特征包括：①虚拟性，即数据主要以非实体的形式存在；②非消耗性，即数据在使用过程中不存在损耗；③低成本复制性，即数据依靠数字技术在数字空间无限复制自身，且成本相对较低；④主体多元性，即同一数据集合下的各条数据涉及主体可能为不同对象，而单条数据又涉及不同的主体角色；⑤依赖性，即数据要素的价值创造需要依赖其他要素或资源。

（2）数据的技术特征影响数据在经济活动中的性质，使之形成经济特征。数据要素的经济特征包括：①即时性，即数据的价值随着时间的转移而发生变化；②非竞争性，即数据要素能够被不同主体在多个场景下同时使用；③非排他性或潜在排他性，即数据的生成

使用过程中并不能排除其他主体的使用，而数据持有者通过对数据进行保护，形成部分的非排他性；④异质性，即相同数据对不同使用者和不同场景的价值不同；⑤规模经济性，即数据规模越大，其蕴含的价值越多；⑥强外部性，即数据的使用会对其他经济主体产生影响。

（3）从生产要素的角度来看，数据要素和传统生产要素相比，存在三方面的主要差异：①数据要素在获取和使用上不具有像土地、劳动力和资本等传统生产要素所具有的竞争性和排他性等属性（技术要素需以专利保护机制为前提条件）；②数据要素的形态多样，其各项经济特征都会对价值产生影响，因此对其价值的精准衡量存在一定的困难；③数据要素的流通涉及个人隐私和数据安全问题，其所具有的隐私负外部性（即数据外溢），会对数据所有者产生负面影响，从而导致竞争优势的降低或对自然人形成危害，进而削弱作为生产要素所带来的生产力。

1.1.3 市场参与主体

开展主体分析，是认识生产要素市场的重要组成部分。基于产业链视角，数据要素市场的参与主体可分为数据供给方、数据需求方、数据服务方、数据平台方以及数据监管方。①数据供给方，数据主要包括公共数据、企业数据和个人信息数据，数据供给方有责任确保交易标的物的合规性；②数据需求方，发起需求并保证使用合规性；③数据服务方，包括数据技术服务商、数据流通服务商和科研院所等第三方，为数据要素市场提供加工、治理和分析等技术服务，确权、估价、评估、合规使用等流通服务，以及加密、脱敏等安全服务；④数据平台方，为数据要素市场提供交易平台、流通平台、登记平台等基础设施功能服务；⑤数据监管方，对数据要素流通全生命周期进行监督管理。在数据要素市场培育壮大的过程中，各主体承担起各自职能职责，支撑市场有序高效运作。

企业是重要的市场主体。作为数据资源供给方的企业，通过参与数据交易环节，将数据集或数据产品通过所有权或使用权变更的方式进行交易，实现企业盈利；作为数据资源需求方的企业，通过将数据作为生产资料，开发形成数据产品或服务，为各类市场参与主体提供数据采集加工、业务数字化等服务，实现企业创新发展。

数据交易场所、数据商、第三方专业服务机构、产业孵化场所及科研院所等第三方，是确保数据要素市场良性运转不可或缺的组成部分。大数据交易所、数据经纪商等交易平台和服务提供方，通过开展数据资产评估、交易撮合及争议解决等业务，为市场行为的自发有序进行提供了保障；产业孵化场所通过培育和发展多元化市场主体的过程中，壮大了数据资源及技术服务供给企业规模；科研院所则为数据要素市场的稳定运转提供了技术支撑。

政府参与数据要素市场建设，主要从政策完善、平台布局和环境优化三个方面展开。通过构建数据产权、流通交易、收益分配、安全治理等方面基础制度，优化要素配置，推动高价值数据（包括公共数据、企业数据，例如信用、医疗、交通、就业、社保等）在市场中开放共享，从而激活市场活力；基于《中华人民共和国个人信息保护法》《中华人民共和国数据安全法》等，开展市场监督管理和风险控制，确保数据要素市场的稳定和健康发展。

1.1.4 价值实现过程

作为新型生产要素，数据在参与生产的过程和价值实现的路径上，与传统生产要素存在一定的差异。中国信息通信研究院发布的《数据要素白皮书（2022 年）》，将数据要素投入生产的途径概括为三次价值释放过程：①一次价值，数据直接支撑企业、政府的业务系统运转，实现业务间的贯通；②二次价值，通过数据的加工、分析、建模，实现生产、经营、服务、治理等环节智慧决策；③三次价值，通过不同来源的优质数据在新业务需求和场景中汇聚融合。中国科学院院士、中国计算机学会理事长梅宏认为，数据要素化包括以数据资源化认识、确立对数据的资产属性以及实现数据的资本化，即把数据要素价值实现路径分为资源化、资产化和资本化三个递进途径。

数据资源化是将原始数据开发为有序且具有使用价值的数据资源。该阶段影响价值的主要因素为成本，包括采集开发、质量管理、隐私保护等。数据资产化则是基于既定的应用场景和商业目的，将数据资源加工形成可供应用或交易的产品或服务，通过协助市场主体提升效率、节省成本、增加收入等，完成其价值实现。该阶段产生的预期价值收益并不稳定，且缺乏一致性。在进入数据资本化阶段后，数据资产被进一步赋予了金融属性，通过激励资本参与产业发展和激发创业者创新动力，成为数据要素市场化配置的重要标志。

数据要素市场对数据资产化的作用，基于经济逻辑，能够为数据资产提供可验证的市场价值，有助于拓展数据资产的价值空间，并能够促成量化可参考的数据资产价值实现路径。基于产权逻辑，能够促进开展清晰的数据确权（产权）登记，促进数据资源、数据资产的会计处置。

数据资产价值释放体系的构建，需要调动多方参与。国家层面从支撑数据资产评估等方面探索数据价值释放，同时探索公共数据资产确权、估值、管理及市场化利用。地方层面则围绕数据资产化路径开展多元探索，包括基于数据资产的金融创新、数据资产评估及定价理论实践、数据资产登记等。

1.1.5 运作机制

基于部分排他性和非竞争性，数据要素可视作为一种准公共品。为了利用其规模经济性等经济特征，需要形成一定的数据供给和需求的独占性。数据外溢会增加其他市场主体的经济利益，减小数据产权主体能够得到的合理回报，并且数据资源的潜在相关性，具有暴露企业商业机密甚至核心技术的可能。这将降低数据所有者参与数据要素生产和交易的动力，进而削弱数据要素对经济增长的促进能力。为此，需要开展数据要素市场化，通过建立一系列基础设施和政策措施，促进数据要素供给方和需求方的价值创造和交换。市场机制是通过市场竞争配置资源的机制，其基本要素是价格机制、供求机制、竞争机制和风险机制。其中价格机制是基础，是要素市场配置资源的核心机制。

数据要素价格机制，包括价格形成机制和价格调节机制。数据要素的价格调节，一方面是指市场主体利用价格开展竞争或调节投资；另一方面是政府用以观测数据要素市场的发展态势并准确引导供需调节。数据的供给和需求是数据要素市场存在的前提条件。供求机制和价格机制是同一个经济过程的两个不同视角，供求机制以供求为逻辑起点，分析供求关系对价格的影响。从供求机制看数据要素市场建设，一是要发现数据要素需求，二是要保障数据要素供给。数据要素的供求机制受数据要素非消耗性、非竞争性、非排他性等特征影响。

数据要素竞争机制，是引导数据要素资源配置的必要条件。开展市场竞争，能够促使数据生产者和经营者开展技术或管理创新，提升生产效率。同样的，数据要素竞争机制受数据要素特征影响，并且更容易在市场中形成垄断现象，阻碍竞争机制发挥作用。此外，数据要素市场建设未完善时，容易发生不正当竞争行为。数据要素风险机制与竞争机制共同调价市场的供求关系。数据要素市场化中蕴含的数据风险是多方面的，包括由于数据价值的复杂性导致的数据购买方的交易风险，由于数据权属界定难导致数据使用后续的侵权纠纷，以及由于数据安全问题带来的数据要素生产和交易的风险。

1.1.6 细分领域数据要素市场发展态势

数据要素市场包含政务、工业、互联网、医疗、金融、科学、电力等细分领域。这些细分市场的协同发展正在加快培育数据要素的全国统一大市场。

互联网数据要素市场具有强烈的需求和领先的发展态势。在大数据时代，互联网行业产生的信息量越来越大，提供的数据服务也越来越丰富，是海量数据天然的供应方和需求方，也是数据要素价值化发展的先行者。互联网数据要素市场在线上和线下多方式数据采集治理、基于平台优势的数据流通、业务决策的智能化发展以及数据要素市场生态建设等方面形成典型经验，并带动以数据中心等基础设施为代表的实体数字产业快速发展。

工业数据要素市场的发展有助于推动实现新型工业化。随着工业企业数字化能力的不断提升，工业数据要素市场具备良好的建设基础。工业数据包括现场控制设备采集数据、生产监测数据、企业运行数据等，在生产管理、设备管理、供应链管理等多种场景中发挥作用。工业数据要素市场的发展能够有效激发工业互联网、工业大数据、智慧制造等的发展潜能。

医疗数据要素市场取得了阶段性的进展。医疗数据具备大数据属性，大数据及人工智能技术在医疗领域应用活跃，形成了基因分析、辅助诊断决策、健康及疾病管理、机构管理等应用成效。我国医疗体系具有强监管性，在政府主导下医疗数据流通共享日趋成熟。国家卫生健康委积极推进医疗健康信息互通共享，国家级全民健康信息平台基本建成，支持健康医疗数据的互联互通。

细分领域数据要素市场发展态势如图 1－1 所示。

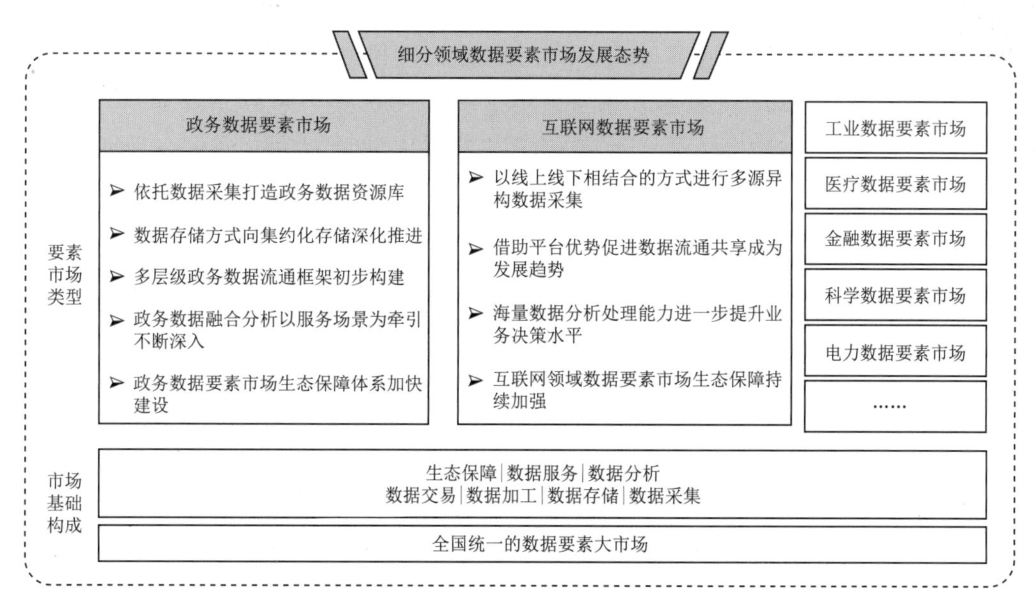

图 1－1　细分领域数据要素市场发展态势

1.2 电力数据要素市场的发展概述

1.2.1 国际电力数据要素市场发展概述

如今，全球正全面迈向数字化新时代，大数据、人工智能等技术的不断迭代发展引发新一轮的科技革命和产业变革，而数据正日益成为推动数字经济发展的主要技术手段和物质基础。从全球范围看，2008年，数据要素市场初见雏形；2009年，美国政府颁布《开放政府指令》（Us Open Government Directive），此后针对政府数据开放的法律法规、条例、行政命令、指导意见等随之出台；2012年，欧盟提出改革数据保护法规，旨在帮助民众进一步保护个人信息，帮助企业利用“单一数字市场”带来的机遇。相对而言，世界主要国家和地区都深刻认识到能源产业数据要素市场，尤其是电力数据要素市场对推动全球数字经济发展的重要性。因此，各国出台发展政策，完善法律法规，加速电力数据要素市场发展，发展情况如下：

1974年，美国通过《联邦能源管理局法案》创建了联邦能源管理局（Federal Energy Administration，FEA），这是美国第一个关注能源的机构，并授予其收集、汇编、评估和分析能源信息的权力。1977年，美国发布《能源部组织法》将美国能源信息署（Energy Information Administration，EIA）确立为联邦政府在能源统计和分析方面的主要权力机构，为能源政策制定提供数据支撑。后续，美国针对数据市场提出多项立法提案，包括2014年《数据透明度与信任法案》、2015年《数据经济上责任与透明度法案》等。2017年10月，美国众议院提出了《电力网络安全研究与发展法案》，旨在促进电力网络安全的跨学科研究与发展，以增强电力部门应对网络攻击的能力。电力数据交易时需要根据该法案考虑其网络安全能力。

1982年，韩国电力公司依据《韩国电力公司法》注册成立。2001年，韩国成立电力交易所。2003年，韩国产业通商资源部开发了第1阶段电力统计信息系统（Electric Power Statistical Information System，EPSIS），提供了自1964年以来的发电设备现状、输配电设备现状、电力销售情况等数据。2021年，韩国国务会议通过了《数据产业振兴和利用促进基本法》，规定了数据生产、交易等方法。

2013年，欧盟（European Union，EU）发布No543/2013号法规，欧盟成员国数据提供者必须提交与发电、负荷等有关信息，并通过欧洲互联电网（the European Network of Transmission System Operators for Electricity，ENTSO－E）平台公布。2015年1月，ENTSO－E透明平台正式启动，免费开放电力运行等相关数据。

伴随着电力数据要素市场的不断推进，各国为电力数据的开放与交易纷纷制定了相关法律法规，或者将电力数据交易纳入法律法规覆盖范围。

2022年7月，挪威颁布了《挪威透明度法案》，要求北欧电力现货交易有限公司等机构依据该法案公开相关数据。

欧盟法规（EU）600/2014法规的第8、10、12、13条，授权法规（EU）2017/567的第二章，授权法规（EU）2017/572第1条，授权法规（EU）2017/583的第2条和第

7条，都对交易场所提出了要求，要求其在进行交易时需提供交易前后的透明数据。例如，欧洲能源交易所（European Energy Exchange，EEX）在进行电力数据的开放与交易时就需要依据这些法规进行。

英国数字保存中心（Digital Curation Center，DCC）依据《英国通用数据保护条例》和2017年的《数据保护法案》（Data Protection Bill，DPB）进行数据交易活动。

在此之后，全球电力系统经历了一系列新的巨大变革。环保性能的更高要求、需求侧资源的发展、弹性需求的增加、大数据和物联系统的应用等变化都迫使电力公司对其传统的商业模式进行改革和创新，以适应新的角色变化，拓展新的盈利机会。美国高级能源经济研究所和美国电力计划共同合作，由落基山研究所发布的《推进电力公司商业模式改革：监管设计实用指南》报告指出，第四类改革旨在开发电力公司在现代能源变革中新的业务和盈利机会，以减少因为新的市场主体加入或技术变革导致传统商业模式下的收益流失。其具体方案里倡导电力公司通过整合配网和用电侧的能源服务和交易，以数据分析服务提供来获取平台收益。如国外输配电价一般由接网费、网络使用费和商业服务费组成，其中的商业服务费就包括了提供数据信息的内容。总而言之，国外电力企业在面向市场巨大变革时纷纷寻找新的盈利点，深化电力数据要素服务，以在现代能源变革浪潮中更好地生存。

调研结果显示，国际上主要存在三种形式的电力数据交易平台，分别为电力交易平台所属的数据交易中心、电力数据开放平台以及第三方电力数据服务方。其中，国外电力数据要素交易平台以电力交易平台所属的数据交易中心为主，同时也存在独立的电力数据开放平台以及第三方电力数据服务方。

1. 电力交易平台所属的数据交易中心

电力交易平台是电力交易信息的主要拥有者与提供者，这类交易平台除了出售相应的电力资源外，还会依据自身的交易信息，提供相应的电力数据。这些数据有的可以免费访问，有的则需要付费才可以获得服务。以新加坡能源市场公司（Energy Market Company，EMC）为例，其官网平台可直接免费获取当日的电力交易价格的实时图表。此外，它还提供相应的付费服务，通过购买不同套餐的方式，获取实时电力市场数据、报价数据、交易报告等电力市场信息，以及电力系统信息与历史信息等电力数据。有的平台还建立了网上数据商城，比如欧洲能源交易所，为欧洲20个欧洲电力市场提供现金结算期货合约的电力衍生品交易，而它的网上数据商城EEX Group则可以通过付费方式购买电力运行等相关数据。其他电力交易平台同样具有相似的电力数据交易方式，比如泛欧电力交易所Nord Pool、加拿大艾伯塔省电力系统运营商等。

2. 电力数据开放平台

电力数据开放平台以电力机构提供的数据为基础，平台上的电力数据主要以免费方式面向公众开放，有需求者可通过其官网自行下载。比如韩国能源产业及电力交易所电力统计信息中心（EPSIS）平台系统，如图1-2所示，其网站上提供了大量的电力数据，包括发电端数据、电力供需数据、电力交易数据、电力设备数据等，以及韩国电力数据监测分析报告，这些数据既可以通过网页可视化直接获取，也可以通过下载对应的图片或excel/csv等文件获取。

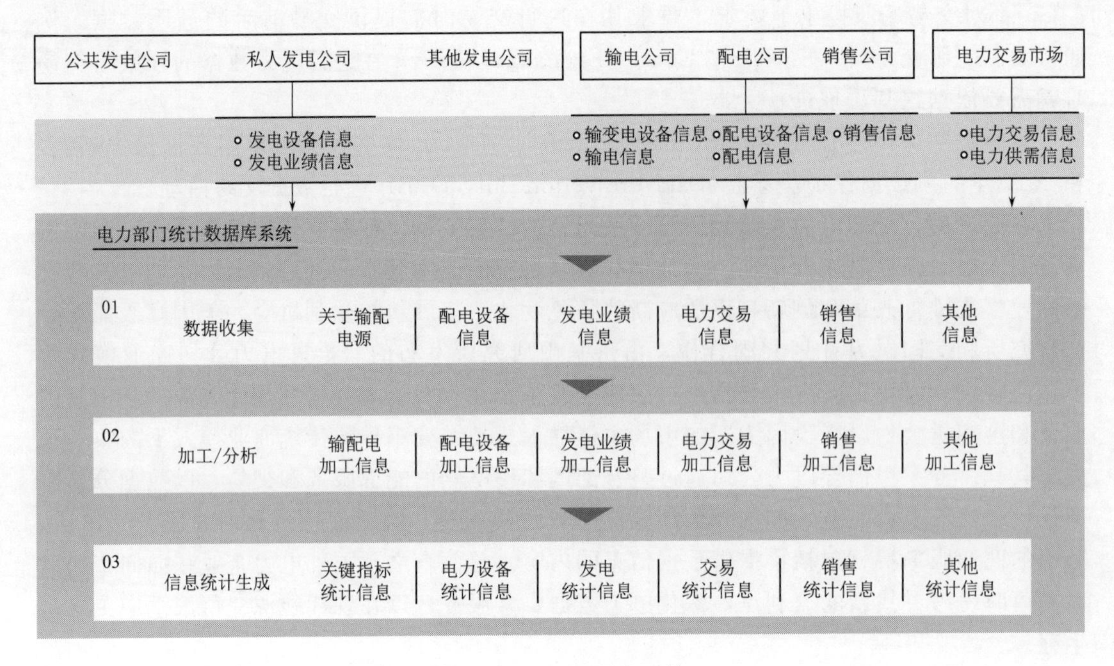

图1-2 EPSIS平台系统

3. *第三方电力数据服务方*

电力交易平台所属的数据交易中心和电力数据开放平台所提供的数据大多以原始数据为主，可以直接获取。此外，市场上还存在第三方电力数据服务方，以提供加工处理后的数据产品和数据服务为主。比如美国 Auto Grid 公司的能源数据云平台（Energy Data Platform，EDP），该平台提供电力系统全面、动态的图景，通过对电网产生的结构化和非结构化数据进行挖掘，实现数据集成、建立使用模式、寻找定价和消费之间的相关性，并分析数以万计的变量之间的相互关系。借助该平台，公共事业单位可以提前预测电量消耗，大型工业电力用户可以优化其生产计划和作业，以避开用电高峰。

Auto Grid 公司主要采用其需求响应优化及管理系统（Demand Response Optimization and Management System，DROMS）或其他方式，提供以下三种电力数据服务模式：①软件即服务（Software as a Service，SaaS）模式，指的是客户按照 Auto Grid 公司为其处理的数据量付费；②共享收益模式，Auto Grid 公司向客户发送报告，客户进行需求响应，Auto Grid 公司与客户分享收益；③合作模式，Auto Grid DROMS 通过给设备商（Schneider H/W & S/W）提供软件，收取软件授权费。Auto Grid 公司服务模式如图1-3所示。

1.2.2 国内电力数据要素市场发展概述

政策频繁出台推动电力数据要素市场热度进一步攀升。2020年4月，中共中央、国务院发布《关于构建更加完善的要素市场化配置体制机制的意见》，将“土地、劳动力、资本、技术、数据并称为五大生产要素，提出加快培育数据要素市场。2022年12月，《中共中央　国务院关于构建数据基础制度更好发挥数据要素作用的意见》（以下简称“数据二十条”）对外发布，强调以促进数据合规高效流通使用、赋能实体经济为主线，初步形成了我国数据基础制度的“四梁八柱”。2023 年 3 月，国家能源局发布《关于加快推进能源数字化智能化发展的若干意见》，提出加强传统能源与数字化智能化技术相融合的新型基础设施建设，释放能源数据要素价值潜力，并计划到 2030 年，能源系统各环节数字化智能化创新应用体系初步构筑、数据要素潜能充分激活。2023 年 7 月，中央全面深化改革委员会审议通过了《关于深化电力体制改革加快构建新型电力系统的指导意见》，提出深化电力体制改革，加快构建清洁低碳、安全充裕、经济高效、供需协同、灵活智能的新型电力系统。2024 年 1 月，国家数据局会同有关部门制定了《“数据要素×”三年行动计划（2024—2026 年）》，充分发挥数据要素乘数效应，赋能经济社会发展。伴随着数据要素市场培育深入、新型电力系统建设提速等国家战略的部署实施，电力数据要素作为能源互联网的“血液”，将持续发挥核心生产要素作用协同链接源网荷储各环节，成为推进能源革命、构建新型能源体系、推动能源高质量发展的主要抓手，助力数据要素价值释放。

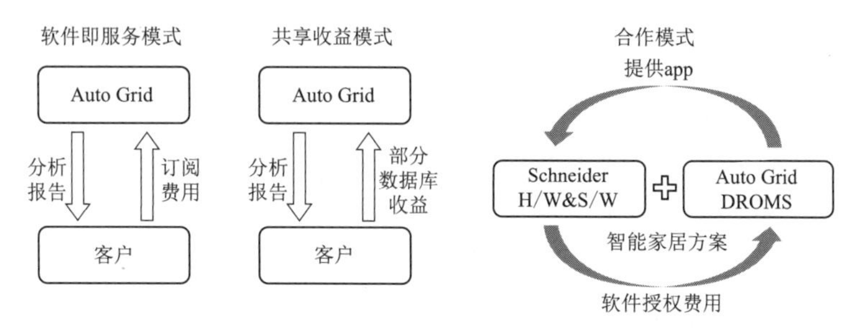

图 1-3　Auto Grid 公司服务模式

电力行业数字化转型加速推动电力数据要素供给增强。国家发展改革委、国家能源局印发的《“十四五”现代能源体系规划》提出要加快能源产业数字化智能化升级。国网能源研究院有限公司发布的《2022 国内外能源电力企业数字化转型分析报告》显示，电力行业数字化转型在能源中的贡献占比超过 70%。总的来说，电力行业信息化建设起步早、数据资源丰富、数据采集质量高、社会需求度多，具有数字化的先天优势，行业数据的开放和应用受到社会的广泛关注，在数字化浪潮背景下，我国多部门多举措高密度深入推动产业数字化，电力行业的数字化转型势在必行，加速向智能化、绿色化、融合化方向迈进。2022 年，电力行业加快推进数字技术与电力全业务、各环节深度融合，行业主要电力企业数字化投入为 373.3 亿元，比上年增长 22.3%。与此同时，数字化转型带来海量的电力生产和电能使用的发电、输电、变电、配电、用电和调度等各个环节高价值数据，正加速应用于各行各业经济生活中，催生能源电力新业态新模式，夯实电力企业的核心竞争力。

爆发式服务需求推动电力数据要素向多行业赋能。随着人工智能与互联网等技术的高速发展，企业生产作业、物流仓储等业务环节对数据的需求与日俱增，组织内部的数据早已无法满足企业战略决策的要求，更希望通过获得外界数据进一步赋能生产决策，激发对数据要素市场的需求。当前大数据已经成为市场经济的核心竞争资源，而电力数据作为于发电、输电、变电、配电、用电和调度等各环节所采集、加工与分析而取得的电力相关业务数据集合，对社会民生服务、工业经济发展、政府产业治理等有着显著的作用意义。电力数据加速向各行各业赋能，如在工业或金融行业中，电力数据作为客观反映企业经营活动的核心数据之一，展示企业用电行为、用电水平、用电趋势等特征内容，既为金融机构在信贷反欺诈、辅助授信、贷后预警等方面提供决策依据，也为工业经济运行监测提供分析参考依据。

1.3 发展电力数据要素市场的重大意义

从新一轮的科技革命和产业变革的趋势来看，第四次工业革命以数字化、智能化、网络化为核心驱动力，同时，数据资源作为重要的生产要素，蕴含了巨大的价值，被视为是21世纪的“黄金”“石油”。电力行业是资金、技术、装备、数据密集型的国民经济基础性和先导型行业，随着数字化转型浪潮与新型能源革命的相融并进，电力数据要素市场将推动生产和生活方式发生深刻的变革，展现出广阔的发展前景。

1.3.1 发展电力数据要素市场是落实国家发展战略的必要举措

随着“数据二十条”政策的出台、国家数据局的组建，以及加快培育数据要素市场的国家层面数据要素部署和要求的日益明确，中央不断加大力度推动数据要素市场建设，促进其在政策取向上相互配合、在实施过程中相互促进、在改革成效上相得益彰，电力数据要素市场的发展助力加速电力数据要素的开发利用和合规高效的流通，在经济发展和社会治理等领域释放数据要素的价值，为数据要素市场的培育和发展做出贡献。同时，《“十四五”数字经济发展规划》明确指出，数据要素是数字经济深化发展的核心引擎。从数字经济和数据要素市场发展规模来看，2012—2021年，我国数字经济规模从11万亿元增长到45.5万亿元，占国内生产总值的比重由21.6%提升至39.8%。然而，根据工业和信息化部的测算，2021年我国数据要素市场规模仅为704亿元。因此，发挥电力数据体量大和覆盖范围广的现有基础优势，加快培育建设电力数据要素市场应成为数字经济高质量发展的优先选择。

1.3.2 发展电力数据要素市场是产业高品质、可持续发展的需要

从理论上来看，电力数据要素市场作为全国统一大市场的重要组成部分，其发展对于发挥电力数据对金融、政务等领域其他生产要素的倍增效应至关重要。通过整合不同生产要素，电力数据可以加速赋能实体经济，推动产业转型升级，促进高质量发展，并加快建设以数字经济为核心的现代化产业体系。从实践上来看，政府是数据要素市场建设的主力军，各地根据资源优势和产业特色，探索了不同的数据要素市场化路径。例如，广东省采用了“1＋2＋3＋X”数据要素市场化配置模式，上海数据交易所建设了数据交易链并培育了“数商生态”模式，而山东数据交易有限公司则提出了“先登记后交易”的发展模式等差异化的数据要素市场化路径。当前，数据交易平台已经成为数据要素市场培育的核心基础设施。相对电力行业来说，贵阳大数据交易所联合南方电网贵州电网公司探索了“产业＋电力”数据N＋1精准滴灌金融机构及企业的模式。该模式基于电力大数据与产业数据的融合、打通和应用，为当地金融机构数字化开展精准赋能。此外，国网浙江省电力有限公司（以下简称“国网浙江电力”）联合省发改委、省能源局建设了能源大数据中心，以“能效＋金融”激发企业发展活力，并联合金融机构推出“碳惠贷”等绿色金融产品，

将企业能效作为贷款授信和阶梯利率核准的依据，已累计发放609.04亿元绿色低息贷款。从产业发展角度来看，电力数据要素的市场化流通可以催生用户能耗分析及用电优化、用电信息征信体系服务等新应用新场景。同时，还可以创新发电情况和电网动态负荷预测、电网运行故障预测等新算法和新策略。电力行业的海量数据规模和丰富的应用场景优势可以激发产业创新活力，提升能源行业的核心竞争力并推动产业高质量发展。

第2章 电力数据要素市场的历史与现状

2.1 电力数据要素市场的历史沿革

随着我国工业电力以及数据要素市场的不断发展和成熟，电力数据要素市场逐渐繁荣和活跃，电力数据的开放、共享、流通和交易加快进行，应用场景的深化拓展不断加快，协同创新生态也加快构建。

20世纪60年代到80年代初，电力企业信息化处于初始阶段，电力计算机技术主要应用在电力试验数字计算、发电厂设备自动监测等方面，电力数据以手工统计和信息汇总为主，数据采集范围较小，数据量不大。

20世纪80年代中到2012年，电力企业信息化进程进入加速阶段，电力行业开始逐步意识到电力数据的重要性和价值。从初始的电力生产自动化过渡到以财务电算化为代表的管理信息化建设，再到21世纪初期大规模的电力企业信息化建设，我国电力系统逐步发展为世界上规模最大、技术水平先进、供应能力充足的现代电力系统。在这个阶段，电力数据贯穿应用于行业生产、管理等全流程全环节，电力数据在行业内部开始大规模汇聚融合和计算分析。

2013—2019年，电力数据在此阶段开始爆发性增长，我国开始步入“大数据元年”，数据要素政策纷纷出台。2014年大数据写入政府工作报告，2015年国务院发布的《促进大数据发展行动纲要》明确指出，大数据已成为国家重要的基础性战略资源。2019年首次将数据明确纳入生产要素，随着数据要素在国家战略部署的重视程度上不断加深，电力数据在能源电力行业供应链中拔高战略地位、持续提升利用水平，电力数据逐步向各行各业发展赋能。

2020年至今，电力数据要素市场进入群体性突破的快速发展阶段，我国陆续出台数据要素市场培育相关政策，确立了数据要素作为市场经济生产要素的地位。2020年中共中央、国务院首次提出培育数据要素市场，2022年印发文件加快建立全国统一大市场，提及加快培育数据要素市场，发布“数据二十条”提出构建数据基础制度体系。2023年组建国家数据局，并于2024年1月会同有关部门印发《“数据要素×”三年行动计划（2024—2026年）》，加快发挥数据要素的放大、叠加、倍增作用。与此同时，随着电力行业加快规划建设新型能源体系、推动全面建设新型电力系统，电力数据资源开始急剧增长并形成一定规模，不断深化数据要素资源化资产化进程，电力数据要素市场历史沿革如图2-1所示。通过模型化、组件化等方式挖掘和利用电力数据价值，以共享、开放与交易方式加速赋能金融、政务等其他行业发展，实现数据要素价值更好地释放，助推数字经济高质量发展。

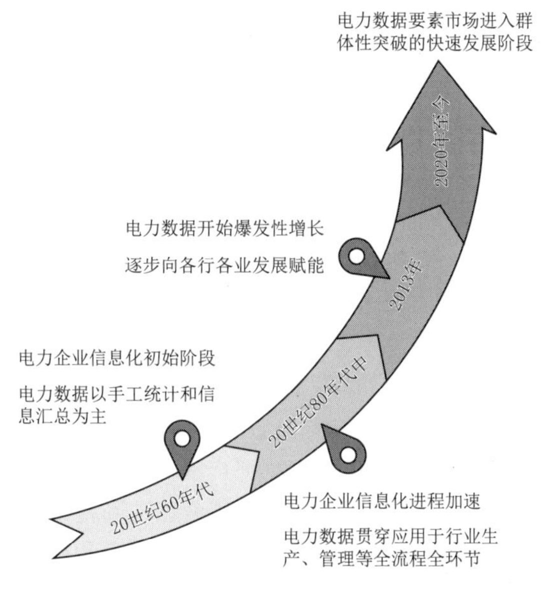

图 2－1　电力数据要素市场历史沿革

2.2　电力数据要素市场的发展现状

2.2.1　电力数据要素市场的现状

我国电力数据要素市场已进入高速发展的阶段，电力体制改革成效突出、新型电力系统建设加速，由此产生的海量数据信息持续推动了数据的生产、流通和交易。目前，我国陆上风电、光电的装机容量均位列世界第一，海上风电居世界第二，随着新型能源体系建设的推进，能源电力源网荷储各环节数据信息海量增长，以电网为主导的电力数据开放持续推进，以政府、工业等场景为核心的电力数据共享趋势逐步增强，以电力市场开放工作为途径的电力流通和交易逐渐繁荣，电力数据要素的价值进一步释放，电力数据要素市场不断探索和创新。据国家工信安全中心估计，2021 年我国数据要素市场规模为 815 亿元，预计“十四五”期间市场规模复合增速将超过 25％，整体将进入群体性突破的快速发展阶段。根据《数字中国发展报告（2022 年）》，2022 年我国数据产量达 8.1ZB，同比增长 22.7％，占全球数据总产量的 10.5％，位居世界第二。按照数据量与数据要素市场规模呈线性相关的假设，以美国水平参照，我国潜在数据市场空间约为 6000 亿元。在电力数据要素应用实践上，中国南方电网有限责任公司（以下简称“南方电网”）通过聚合核心企业数据等资源，其供应链金融业务规模已超过 400 亿元；国家电网有限公司（以下简称“国家电网”）自主创建数字化产业链金融平台“电 e 金服”，在产业金融方面，“电 e 金服”已成为各地电网公司、发电企业开展资金融通、贯通金融动脉的重要抓手，各地电力公司的业务迅速展开达百亿级别，电力数据要素已开始广泛应用于金融等场景。

国家电网坚持发挥好电网“桥梁”和“纽带”作用，以数据服务新型能源体系规划建设。国家电网全面部署泛在电力物联网建设，已经在经营区域范围内建设了5亿只智能电表，实现每15min采集一次用电数据并传输，同时在发电侧实现了以毫秒为单位的采集和传输，增强电力数据要素供给。新型电力系统是新型能源体系的重要组成部分，也是实现“双碳”目标的关键载体。国家电网将数据要素整体划分为“三区四层”，通过优化数据的采数、传数、存数、用数“四层”环节，为电网生产控制大区、管理信息大区和互联网大区“三区”提供有力的支撑保障，全面加速推进新型电力系统建设。

南方电网在数据应用体系方面进行了探索和构建，形成了一套全面适配、系统支撑、拓展演进的数据应用体系。2020年南方电网完成了涵盖“网省市县”四级组织、囊括“业务、技术”双维岗位的数据认责体系建设工作，并于2021年发布了能源行业首个《数据资产定价方法》，基本形成一套电力数据资产管理体系。在此基础上，南方电网不断催生数据要素与数据应用的发展，构建了包含“统一底座、多维赋能、闭环管理、分域应用、全面服务”的电力数据应用体系。实现数据量由“十三五”末期的220TB提升至4.0PB的全域数据汇聚，并开发建设电力大数据产品134项，打造面向企业内部及政府、企业、公众的数据产品体系，构建探索数据要素价值创造新范式。

国网浙江电力深挖电力数据价值，立足能源数据共享、政府决策支撑和智慧用能服务“三大核心”。国网浙江电力将数据作为核心生产要素，联合省发展改革委、省能源局共同推进浙江省能源大数据中心建设。截至2023年，已支撑省发展改革委、经信等20余个政府部门，服务浙江省3000余万户企业和居民用户，数据采集规模、开发场景规模均处于全国前列。汇聚能源数据总量达583.21亿条，包括电、煤、油、气、热五大品类的能源数据，覆盖能源供应、传输、消费等全链路。同时开发了一批模型，结合供应侧统计维度、消费侧采集维度，通过构建“电一能一碳”协同路径，构建了用能数据模型、协同预测模型、应用分析模型等500余个模型。此外，国网浙江电力还提供了一批服务，开展数据对外开放目录建设，完善数据申请、使用、接入、共享等运营服务流程，形成集能源、碳排、综合类数据跨域融合的服务能力。

国网山东省电力公司（以下简称“国网山东电力”）建成了全国首家电力数据供应链，提升数据治理水平。国网山东电力首创“数据主人制”，按照“谁生产谁负责、谁应用谁监督”的原则，将“数据主人制”覆盖全部核心业务，且在全国率先建成涵盖数据产生、治理、应用全环节的高效合规电力数据供应链。该供应链连接了数据生产方、治理方、运营方和应用方等形成一体化链路，有力推动“数据主人制”与数据供应各环节有机融合。目前，已标准化构建电力原子业务1.3万个，累计汇聚数据超过500亿条，建成涵盖14万项目录、40余个成果汇聚能力开放矩阵的数据资源体系。

南方电网贵州电网公司搭建了高普适性的电力数据核心产品体系，首创全国首个“电力数据专区”。2022年底，贵州电网有限责任公司（以下简称“贵州电网”）获得了贵阳大数据交易所颁发的首批“数据商登记凭证”、全国首张“数据要素登记凭证”，并在贵阳大数据交易所上架了全国首个“电力数据专区”。该专区的产品体系包括标准化电力数据产品、场景化电力数据产品等4大类共计28个产品。贵州电网成功完成从数据供给方向数据商的转型。同时还与中鼎资信评级服务有限公司在贵阳大数据交易所正式签署了“电力数据产品”交易合同，标志着全国首个“电力数据专区”实现首单交易。在交易定价中采用了贵阳大数据交易所提供的全国首个价格计算器对产品进行了价格计算，为基于成本角度的交易定价参考。

2.2.2 电力数据要素市场的核心问题

中国信息通信研究院发布的《大数据白皮书（2022年）》指出，我国目前的数据交易主要以点对点模式为主，交易规模已经相当可观，仅商业银行每年的数据采购金额就超过百亿元。点对点模式虽然能满足企业定向采购数据的需求，但由于信息不对称，很难形成供需关系指导下的市场调节机制，无法实现大规模的数据要素市场化配置。此外，电力数据要素市场发展仍然存在数据权属不明晰、数据市场监管职能不突出、数据交易双方信任机制尚未建立等问题。

数据权属不明晰。电力数据要素权属清晰是市场化交易的前提条件，数据权属不清晰容易导致数据流通的侵权现象，从而引起数据交易的一系列摩擦。例如，电网企业在提供供电服务过程中，获取个人、企业数据供用电的各类型海量数据，由于缺少标准化的规则进行筛选，而数据价值的稀疏性意味着其中大量的数据缺乏实际应用价值，导致大范围数据确权的必要性弱化。数据的多种类型、多种分类标准、多种内容形式造成数据权属的内涵外延不同，涉及的主体不同，数据确权的规则不明确。

数据市场监管职能不突出。目前，数据治理主要是通过多部门条块监管，力量薄弱、职能分散。国家层面有多个部门具备数据市场的监管职能，但各部门之间的监管边界不清，主责部门不够明确，部门间互动不顺，难以形成有效的监管。此外，监管层对于数据产品是否涉及隐私、国家安全、商业机密等信息尚不明确，对于数据交易的安全性存在担忧。同时，数据要素的市场规则、机制尚不健全，不同交易所的规则各不相同，导致参与主体进行交易的成本较大。数据的跨地区跨行业流动也给监管带来了更大的难度。

数据交易双方信任机制尚未建立。在点对点的数据交易模式中，交易双方由于信息不对称，同时又缺乏市场统一的数据质量、数据产品的评估体系，因此难以建立交易双方的信任关系。数据供给方担心在完成数据交易后未经允许被再次转卖，从而失去对数据的控制权；而数据需求方则决定数据要素的最终价值，并对数据的合规性及实际使用效果有所担忧。此外，作为数据交易信任机制建设重要组成部分的数据中间商目前尚处于相对缺位状态。此外，数据的保密性、安全性等缺少第三方评估，导致数据要素交易的不确定性风险较大，进而制约了数据交易市场的向上发展。

电力数据要素在参与市场活动的过程中，需要经历可确权、可管控、可计量、可交易四个阶段，从而完成电力数据要素在市场中的流通，实现电力数据要素市场化。

数据的可确权。当前，学术界广泛使用“数据确权”一词来描述数据的可确权状态，然而，关于数据权属界定的理论与实践路径尚未达成统一定论，其根源在于数据权利的属性、主体和内容三个基本问题，即应给予数据何种权利保护、谁应享有数据上附着的利益、可以明确数据主体享有哪些具体的权利。我国关于数据确权的研究主要集中在规制和技术两个方向。第一类研究是从法律法规的角度对数据权属进行剖析。对于数据权属，有些研究从现有的权属关系出发，而有些则构建新的权利体系框架，但在数据确权上仍未取得显著进展；第二类研究是从技术角度出发研究如何实现数据确权。该方向的研究主要依靠区块链技术以及隐私计算、可信计算等信息技术来具体实现。例如，基于区块链技术和数字水印技术，可以在大数据交易生命周期中实现可追责性。借助区块链的去中心化、分布式、不可篡改等特性，可以明确区块链上数据资源任意时刻的所有权归属。在政策上，《中共中央 国务院关于构建数据基础制度更好发挥数据要素作用的意见》提出“三权分置”理论，将数据权属分为数据资源持有权、数据加工使用权和数据产品经营权，基本涵盖了财产权的占有、使用、收益和处分四方面，进而为数据要素的流通利用奠定法律基础。

数据的可管控。数据一旦被明确其所有权之后，在进入交易之前是可被管理和控制的。数据管理权是指对本国数据跨境流通等数据行为进行调控并对数据纠纷行使管辖权，而数据控制权则是指以保障国内数据安全性为前提，防止数据被侵犯。数据可管控的软件层面，从本质上来说就是从技术角度对数据全生命周期的溯源，即利用区块链、密码及加密等技术，基本可以做到对数据的管控；在数据可管控的硬件层面，随着数据隐私保护越来越重要以及隐私计算的广泛应用，英特尔公司从基于 x86 架构的一种嵌入式的硬件技术（Software Guard Extensions，SGX）以及安谋国际科技股份有限公司（Advanced RISC Machine，ARM）基于 ARM 架构的 ARM TrustZone，开始从硬件层面开展了关于可信执行环境（Trusted Execution Environment，TEE）的持续研发。这些技术从硬件底层开始对数据进行更纯粹的保护与管控。对于数据的可管控，从技术层面开展数据溯源的探索，可为后期数据治理建立基础，核心技术层面的突破或可从溯源方向为数据确权与交易问题提供新的解决思路。

数据的可计量。交易本身是一种交换行为，商品在形成交易前，大多都需要有一个标准的计量单位。我国古代的度量衡就是在交易过程中，为了规范基本交换行为，提供了相应的基准。同样的，针对数据的计量，新乡市中科数字经济技术产业研究院提出数据要素计量单位（Data Reduction system，DRs）的概念，即 1 个 DRs 就是数据库表结构中 1 个非空（非 null 值）的单元格，确定数据的计量单位后，在数据交易过程中，交易双方就可以快速理解交易产品的数据量，从而实现规模化数据交易并提高交易效率。DRs 用技术手段巧妙给出了数据可计量问题的解决方案，但数据交易还与其是否具备规模化属性相关，数据的强应用融合性使得大多数的数据应用都成为定制化、个性化。一般而言，交易品只有脱离了供给和需求方的个性及定制化需求，产生大规模流转，价值保持相对稳定，才不会因产品的供给方和需求方的不同而不同。但因为数据交易中存在大量的个性化及定制化需求，使数据价值具有不确定性，数据也就难以成为可流转的标准化商品。同时，数据交易的产品也并不只局限于数据集，且数据集交易与数据质量严格相关，数据的可计量问题仍需继续探索和研究。

数据的可交易。数据交易有其特殊性，从确权、管控、计量到交易的全流程进行综合考量，从产品类型以及服务类型这两个角度划分数据交易。从数据产品的角度可将数据交易分为基于数据集和基于数据分析衍生品两大类。基于数据集的交易通常为针对数据集的再加工，具有规模化、劳动密集型、质量强相关、多次迭代等特点；基于数据分析衍生品的交易具有规模化、强衍生、多维度、隐蔽性等突出特点。从数据主体的角度可将数据交易分为基于平台和基于服务商两大类，可以产出数据集及数据分析衍生品两类产品。基于平台的数据交易基本特征是依托电子平台进行的各类数据交易及其产生的衍生品交易，如国外的 Amazon、Google 等，国内的京东、淘宝、携程等，此类数据是通过平台对用户行为进行感知而产生的，因此数据具有原创及可实时更新的特点；基于服务商的数据交易依托服务商收集和整理多个数据源的数据，服务商本身不产出原始数据，而是汇聚已有的数据服务。

2.3 电力数据要素赋能产业价值分析

进入数字经济时代，随着云计算、大数据和人工智能等新技术的出现，数字经济的发展得到了进一步的推动，使得数据在规模经济中的效应更加显著。与其他生产要素相比，数据可以无限重复使用，同时对其他生产要素具有扩展、叠加和倍增的作用，能够更好地促进经济发展和产业升级。例如，人工智能技术驱动的自然语言处理工具（Chat Generative Pre-trained Transformer，ChatGPT）的横空出世引爆了生成式人工智能（Artificial Intelligence Generated Content，AIGC）赛道，科技巨头纷纷加入人工智能军备竞赛。而人工智能的三大基石是算力、算法和数据，行业的快速发展离不开海量数据支撑。随着海量数据需求的提升，数据要素产业也将迎来高速发展。电力作为信息网络技术乃至所有关键信息基础设施的基础支撑，将充分发挥数据要素的倍增效应，加快赋能新型能源互联网体系、传统要素互联网体系、产业/工业互联网体系等场景。通过促进能源要素市场体系化、传统要素配置精准化和产业生态运行智能化，电力将为数字经济时代的快速发展提供重要支撑。电力数据要素赋能产业价值路线如图 2-2 所示。

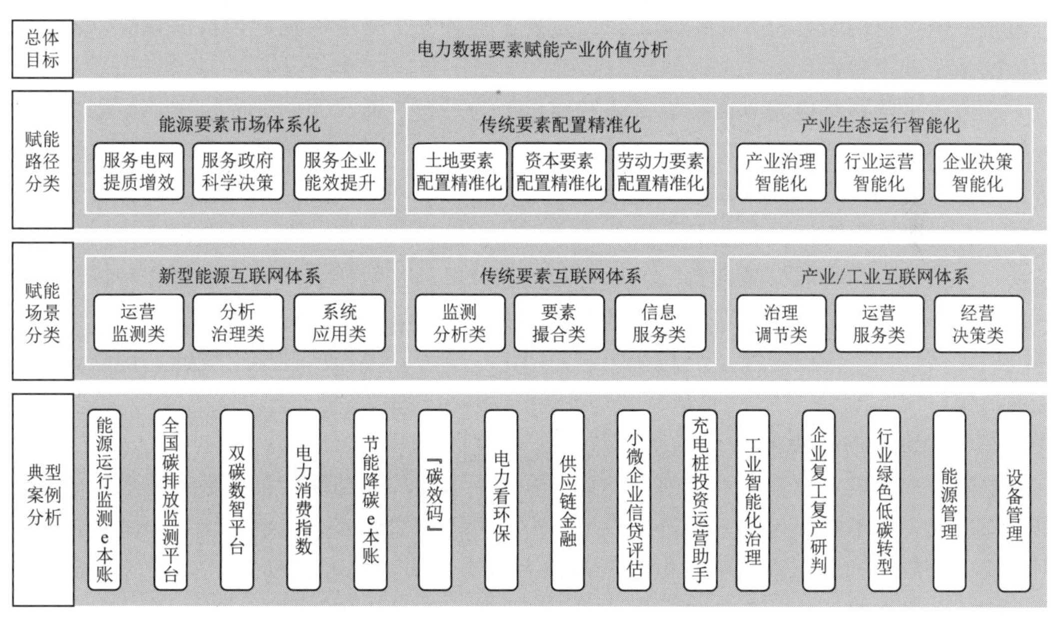

图 2-2 电力数据要素赋能产业价值路线图

2.3.1 电力数据要素赋能能源要素市场体系化

1. 服务电网提质增效

电网企业积极研究探索深化数字化绿色化协同，推动构建新型电力系统和新型能源体系，准确把握数字电网、数字运营的核心要义，高质量推进数字化转型和数字电网建设，充分引导各专业领域集思广益、聚指成拳、同向发力激发电力数据要素赋能电网潜力，确保提质增效再上新台阶。

在服务电网运营监测方面，以节能增效与负荷可调节能力建设为中心，扩大负荷侧灵活资源规模，创新需求响应管理模式，实现源网荷储灵活高效互动。通过需求侧负荷管理体系建设，完成了日前、小时级、分钟级、秒级等全时间尺度需求响应资源聚合，构建了国际领先的日前、小时级、分钟级可调节，秒级可中断的需求响应全业务分类体系，具备千万千瓦级负荷响应能力，实现需求响应无脚本综合演练。在冬季寒潮负荷尖峰时期，采用“需求响应＋虚拟电厂＋驻厂待命”的方式，通过“市场＋行政”紧急组织大量需求响应资源，预备驻厂应急中断负荷，有效缓解了极端形势下的电网供需压力，避免了拉闸限电等负面影响，获得了国家能源局的充分肯定。

在服务电网分析治理方面，通过传统电网基础设施和新型数字化基础设施融合推动电网数字化转型，实现智能电网向智慧电网升级。运用电力调度机器人高度集成了调度、运行、检修等生产数据，高效甄别电网海量信息，打造了调度、集控虚拟座席的智能操作应用，实现了知识图谱、人机对话、智能决策等功能，自动完成数据读取、开关置位与人机交互，快速精准处置电网故障；开展电网动态运行极限监测与增容提效工作，针对架空线路部署导线精灵、微气象等监测装置，实时掌握设备状态；建立基于变压器平均油温的多层热路模型，实现变压器内部热场情况和过载能力的动态核定，释放变压器负载潜能；通过对输变电设备的全方位分析治理工作，实现了设备安全裕度可视化，科学释放了输送能力，增强了安全弹性。

在服务电网系统应用方面，以坚强智能电网为平台，通过源网荷储协调，促进多能互补和多元互动，实现电网绿色发展，确保能源安全供应。打造了智慧屋顶辨识助推整县光伏布局数据应用，通过光伏雷达实施高清地图矢量识别和无人机航拍激光点云分析等关键技术，促进新型电力系统新能源发展从“多、快、散”向“好、聚、控”转变；构建“高互动、高效能、高承载、高自愈”的绿色能源虚拟电厂，依托数字化手段聚合和控制各类可调负荷、储能资源，助力新型电力系统建设中高比例清洁能源接入的动态规划，大幅提高电网灵活性和系统稳定性，提高新能源并网消纳能力，参与区域电网调峰、调频，促进源网荷储协调互动。

2. 服务政府科学决策

电网企业积极贯彻党中央、国务院关于数字中国的战略部署，推动数字技术与能源技术的深度融合，不断深化电力大数据应用，为服务国家能源安全战略做出了积极贡献。电网企业成功孵化了电力看经济、电力看双碳、电力助应急等一批实用且高效的大数据产品，这些产品在服务政府决策和社会治理方面发挥了重要作用。

在服务政府运营监测方面，构建电力看经济应用，以电力视角围绕宏观经济指标、产业电力结构、支柱产业、行业发展分析等多角度实现多地区、多行业的经济形势监测，结合电力数据和经济运行数据，总结行业经济贡献度指数，量化产业经济发展潜力，明确政府对经济支撑发力方向；构建电力消费指数，复盘城市经济热点，同时聚焦能源消费与产值密切的行业，刻画行业发展趋势，预测行业增长拐点，指导后续经济发展政策规划，提升区域、行业经济发展均衡性，持续为政府经济运行监测提供数据支持。

在服务政府分析治理方面，打造了双碳数智应用，为政府科学决策、企业能效提升和公众低碳生活提供了统一的应用服务。从政府、企业、个人三类主体双碳目标下高频、共性需求分析出发，首先形成体系化的需求输入清单，然后设计基础类、跨域类和综合类场景清单，最后以标准规范、管理提升、服务优化三类目标为导向，构建重大成效清单；构建双碳数智驾驶舱，以“能耗总量”“能耗强度”“碳排总量”“碳排强度”四大关键指标为抓手，将治碳、减碳、普惠管理闭环线上化呈现在数字驾驶舱中，动态跟踪分区域、分领域指标情况，集中展示经济发展、能源安全、碳排放、居民生活四个维度的平衡指数和区域低碳高质量发展指数，以及能源、工业、建筑等领域的关键指标和工作成效。

在服务政府系统应用方面，建设政企数据共享交换应用，通过政企专线接入政务网，实现了政企双向数据共享。通过政企数据共享交换应用，将欠费征信、窃电征信、重点客户用电趋势等数据传输至政府前置数据库，支撑政府侧业务数据分析，完善政府综合数据分析能力；通过政企数据共享交换应用，封装电力数据服务，支撑政府侧办电业务数据调用，支撑新装增容预受理、更名过户预受理等业务的高效运转，实现“一网通办”，助推客户“最多跑一次”。电网企业作为客户端，通过政企数据共享交换应用，主动访问政府公共数据共享平台提供的数据查询服务，实时查询居民证照、企业证照、户籍、不动产、实名数据等数据，实现政企数据融合应用，提升客户办电业务效率。

3. 服务企业能效提升

电网企业深入贯彻落实党的二十大精神，积极实施优化电力营商环境措施，针对企业急难问题，运用电力大数据分析技术，集中力量助企纾困解难。拿出硬措施、打好组合拳，提供更加精准、高效、个性化的电力服务，指导企业降本增效，为企业创新发展营造良好环境。

在服务企业运营监测方面，针对企业能耗双控服务，探索构建用能预算化管理应用。建设节能降碳 e 本账应用场景，落实重点用能企业能耗总量控制和节能目标清单，打造节能审查管理、用能预算化、能效创新等应用模块，针对企业难以知悉能用多少能、已用多少能、如何节能等问题，提供用能体检、自主测算等智慧用能服务，助力企业算好节能账；创新多层次用能预算分级管理机制，开展能耗双控“准入－监测－预警－评价－服务”的工作闭环管理，将企业能效水平动态应用于地方政府用能指标分配、企业用能确权与年度基准分配、企业用能动态监控与分析预警等全流程。

在服务企业分析治理方面，搭建企业用电策略优化应用，按照“一企一案”出具能效服务诊断报告，为企业降耗节能出谋划策。基于用电企业档案、电量电费、行业类别等数据，开展分时电量、功率因数、最大需量等参数分析，准确掌握客户用电行为特征，深化供电能效服务举措，量身制定“提高变压器利用率”“调整排班周期”“优化生产工序”等能效提升方案；开展一对一的能效诊断分析，对不同基本电费计收方式进行测算和比对，给企业有针对性地提出降成本的合理化建议，精准指导企业通过避峰错峰用电等方式，享受政策红利，降低企业用能成本。

在服务企业系统应用方面，创新企业电管家物联网服务，以客户需求为核心，通过实时掌握客户用能情况，实现设备状态管理、停电预警、用能分析等数据服务，推动“电管家”向“智慧能源”转型。通过企业用能在线监测，促进企业能源管控和能耗管理流程线上化，减少企业能源管理成本；通过设备状态管理监管，减少用电安全管控压力，降低安全风险；通过停电预警推送，保障事前停电预控措施到位；通过用能报告生成，解决企业用能数据统计和分析难题，同时缩短事故排查和修复时间。

2.3.2 电力数据要素赋能传统要素配置精准化

数字时代的到来使企业的数据能力得以提升，数据要素广泛应用于各领域，尤其是电力数据要素，可以赋能土地、资本和劳动力等传统要素，提升企业在要素使用、要素配置和创新方面的能力，进而推动数字化转型与打造业务新模式，实现降本增效和新的价值创造，增强市场竞争力，助力企业逐步摆脱供需失衡困境，创造新业态业务模式。

1. 土地要素配置精准化

相较于土地要素，电力数据要素通过赋能土地要素配置优化方式，助推区域土地资源高效流转和价值发现。大到土地管理这一国家宏观调控手段，小到楼宇建筑内空间规划如何配置，电力数据要素都能帮助土地要素配置决策更智慧、更智能、更精准。例如：①在“碳效码”场景中，建筑业是能源消耗和碳排放的大户，故集成了公共建筑电力、燃气、绿电等能源数据，科学搭建了碳效码指数体系，以实际运行能耗和碳排放为评价基准，全生命周期追踪建筑碳效水平，从而对建筑业土地要素实现精准配置；②在智慧建筑管理场景中，通过建立以电力为核心的“计量－统计－预测”综合能源管理方案，推动用能类型、负荷单位、时间周期等多维度能源数据的全面感知和监测监控，建模分析研判异常负荷能耗预警后的“定位－关联－研判－解除”全过程场景，实现异常定位、故障预警、能耗管理等监测分析目标实现，合理配置建筑内空间规划。

2. 资本要素配置精准化

相较于资本要素，电力数据要素通过辅助资本要素撮合方式，有效提升了物质交换效率。这包括在资本要素配置前的反欺诈等信用分析，配置时的授信辅助等信用增强，以及配置后的监控预警等。这样有助于完善覆盖企业全生命周期的资本要素风控体系。例如：①在供应链金融场景中，借助电力大数据分析模型，辅助金融机构对供应链场景贷前提供交叉验证结果，贷后定期提供监控报告，这不仅增强了银行对供应链风险管控能力，而且可以降低企业的贷款利率或增加其贷款额度，解决了供应链金融中信息流缺失和不完整的痛点；②在小微企业信贷评估场景中，利用电力大数据开展企业用电水平、电量趋势等多维度分析，可以分析企业在本地区、本行业中用电排名情况，为银行更加快速、精准放贷提供数据支撑。

3. 劳动力要素配置精准化

相较于劳动力要素，电力数据要素通过赋能劳动力以提高劳动效率、降低劳动成本，从而放大劳动力要素在行业价值链流转中产生的价值，尤其是推动能源行业各业务环节降本提质增效。例如：①在充电桩投资运营助手场景中，根据电网销售电价数据，结合温度信息、运行状态信息等，依托长短记忆神经网络模型、随机森林预测模型等，构建故障处理最优规划模型，预测充电桩设备故障情况，进而降低故障率，缩减巡检次数，提高劳动力效率；②在电力看环保场景中，通过构建“散乱污”识别模型，围绕低压三相电用户，每月对新建立档案满3个月的用户执行识别模型，根据得分结果研判企业是否为“散乱污”企业，或从用电水平、电力波动、环比等指标，对小型排污企业进行针对性监测和排查，通过企业用电特征分析及异常报警，开展小型排污企业分析监测，对设备长期无监测数据或未正常开启运行的企业情况进行告警，从而实现电力大数据辅助监管人员识别环保数据，提升监管效率。

2.3.3 电力数据要素赋能产业生态运行智能化

产业生态是一个涵盖众多产业及其相关企业、政策、法规、市场等各环节的复杂生态系统，在推进现代化产业体系建设的进程中，我们需要整合各类数据要素，以适应产业生态智能化升级的需求，通过将电力数据、模型算法、计算能力作为立足点，开发针对各种场景需求的电力数据产品和服务，以持续提升产业智能化运行水平，为推动现代化产业体系、治理能力现代化、企业数字化转型做出积极贡献。因此，要准确把握加快传统产业系统转型升级的关键重点，致力于产业、行业、企业“三业同抓”，以场景应用打造促数据价值释放，通过电力数据要素的助力，实现产业治理方的智能化治理、行业运营方的智能化运营，以及企业主体的智能化决策。

1. 产业治理智能化

在国家治理现代化的背景下，电力数据要素作为产业系统不可或缺的基础性生产要素，已被广泛运用到产业运行监测、产业政策制定、企业复工复产研判等场景，助力提升行业主管部门履职科学化、精准化、智能化水平。例如：①在工业智能化治理场景中，通过收集不同区域、产业链的用电数据，挖掘规模以上工业增加值增速等经济运行分析指标与用电数据的关联关系，通过建模分析实现工业经济治理预测预警，为宏观经济、产业发展、区域发展等提供辅助参考；②在企业复工复产研判场景中，利用用电恢复率、达产率、异常率等电力指标体系，结合其他领域指标综合分析企业的复工复产水平，动态监测、直观反映企业复工复产等生产经营状况；③在产业政策制定场景中，通过不同区域、产业链的未来产能预测、企业复工复产分析等数据支持，辅助政府进行行业管控，或通过“一企一策”等举措实现精准施策。

2. 行业运营智能化

在现代化产业体系的背景下，习近平总书记强调，加快建设以实体经济为支撑的现代化产业体系，关系我们在未来发展和国际竞争中赢得战略主动。电网企业将电力大数据能力开放给行业客户进行订阅调用或按场景灵活定制，聚焦实体经济资金保障、绿色低碳等生产经营发展所需，以数据产品化、服务化加快推动行业智能化运营。例如：①在行业绿色低碳转型场景中，建立符合行业结构的电碳分析预测模型，对行业历史用电量及碳排放量进行分析实现未来结果预测，为行业推动智能化、绿色化提供重要支撑；②在行业集采集销场景中，基于计量经济学中的VAR模型等构建用电数据与区域产能间关联关系，结合行业销售、营收税额度情况，对上下游产业集群产能实现建模预测，辅助本地集采或集销业务开展。

3. 企业决策智能化

在企业数字化转型的背景下，电力数据要素为企业能源管理、设备管理等智能制造场景赋能赋效，提升企业智能决策水平，增强综合实力和核心竞争力。例如：①在能源管理场景中，以用电数据分析为核心，为企业制定最佳能源利用方案，促进用能成本降低、能源利用率提升，实现面向制造全过程的精细化能源管理；②在设备管理场景中，通过分析设备各时段用电数据特征，识别设备异常情况，实现精细化设备管理和预测性维护；③在经营决策场景中，基于用电数据开展行业景气度分析等服务，企业可精准掌握行业发展趋势等，为企业经营战略提供决策依据。

第 3 章

电力数据要素市场的总体架构

3.1 电力数据要素市场发展定位

规范化、规模化发展电力数据要素市场，是完善社会主义市场经济体制的重要举措，是数据生产要素市场化配置的重要工具，是数字经济高质量发展的重要抓手。

（1）完善社会主义市场经济体制的重要举措。数字化时代的土地、资本、劳动力等生产要素市场和一般商品市场逐步向虚拟空间迁移，社会主义市场经济体制和市场体系要求必须盘活电力数据资源。

（2）数据生产要素市场化配置的重要工具。探索电力数据要素市场化，出台相关法规制度体系及标准规范，完善电力数据资产运营管理体系等。

（3）数字经济高质量发展的重要抓手。以电力大数据充分激活数据要素市场发展动力，进而牵引产业变革、催生新业态，促进我国数字经济高质量发展。

3.2 电力数据要素市场的发展原则与目标

1. 电力数据要素市场的发展原则

电力数据要素市场的发展原则可归纳为：公平公正、市场配置；安全可控、依法利用；挖掘价值、服务实体。

（1）公平公正、市场配置。电力数据要素市场发展的实质是以助力经济社会高质量发展，满足公共利益、公共服务为出发点，要以公平公正的原则切实维护各参与主体的合法权益和正当利益，并通过市场化机制实现电力数据资源最优化配置，以充分释放电力数据资产价值。

（2）安全可控、依法利用。电力数据资产的高价值和敏感性特征要求电力数据要素市场要在保障数据安全、企业隐私和商业秘密的前提下构建安全可控的运营环境。并在《中华人民共和国网络安全法》《中华人民共和国数据安全法》《中华人民共和国个人信息保护法》等相关法律的授权和约束下以电力数据资产应用场景为牵引，设立灵活的进入退出机制，依法依规进行监督管理，以确保公共利益。

（3）挖掘价值、服务实体。电力数据要素市场建设要以赋能实体经济为价值导向，充分挖掘各类电力数据资产的社会价值和经济价值，释放数据红利，让电力数据资产更好地服务实体，促进经济的繁荣发展。

2. 电力数据要素市场的发展目标

电力数据要素市场的发展目标是：全面贯彻党的二十大精神，落实“数据二十条”指导意见，构建适合电力发展优势的数据要素市场，形成电力数据要素市场化配置的业务模式和运营体系，释放电力数据价值，促进电力数据合规高效流通使用，赋能实体经济，助力经济社会高质量发展。

3.3　电力数据要素市场发展模式

（1）以场内场外相结合的市场体系为特色，构筑电力数据要素市场蓝图。通过场内场外相结合的电力数据循环交易市场体系，优化供需结构，畅通供需渠道，提高供给效率，加强电力数据权益保护，激发市场主体活力。

（2）以生态培育为突破口，打造数据要素市场价值链。以数据供给、数据管理、数据流通、数据应用为四大培育方向，确定数据供给方、数据服务方、数据平台方、数据需求方、数据监管方等数据要素相关主体，打造电力数据要素市场价值链。

数据供给方具有数据的持有权与支配权，可提供数据的供给、转发等服务；数据服务方主要提供数据清洗治理、数据标准化以及数据产品加工等增值服务；数据平台方负责电力数据要素市场的稳定运行、供需关系处理、供需会员入驻、数据产品上架审核及交易过程的技术服务、相关（合规）咨询服务等；数据需求方是数据产品、服务的订购使用方或购买方；数据监管方是指对电力数据要素市场运行过程中，包括数据接入、数据计算、数据传输、数据展示、系统收费等服务提供监管的部门，如第三方监管机构和内部审计部门。

（3）聚焦确权定价等难点，破题数据要素市场关键点。电力数据要素市场运行的前提是产权配置清晰，建立“归属清晰、合规使用、保障权益”的数据产权制度，可以为数据要素流通和交易制度体系、数据要素收益分配制度体系、数据要素治理制度体系夯实基础。从农业经济的二维生产要素到工业经济的四维生产要素，再到数字经济的五维甚至更多维生产要素，数据作为新型生产要素与土地、劳动力、资本、技术等传统生产要素相比具有明显的独特性，如虚拟性、低成本复制性、主体多元性、非竞争性、非排他性、异质性和边际效应递增性。因此，建立电力数据产权制度必须考虑到数据的不同特性，厘清产权与所有权的关系。

电力数据资产定价的基础与前提是明确数据资产估值方法。电力数据资产价值评估是基于资产所有者的角度对数据资产的自身价值进行评定和估算，是资产价格发现的基础，是数据资产价值形态的体现，数据资产价值评估主要包括确定数据资产价值评估方法、制定数据资产价值评估模型和确立数据资产价值评估流程机制。

3.4　电力数据要素市场体系的总体构成

电力数据要素市场体系总体概括为“1+3+3”体系，其中：“1”代表一个目标愿景；第一个“3”代表电力数据要素市场的场景应用体系、业务支撑体系和基础设施体系；第二个“3”代表电力数据要素市场的制度体系、技术创新体系和生态体系。电力数据要素市场体系总体构成如图 3－1 所示。

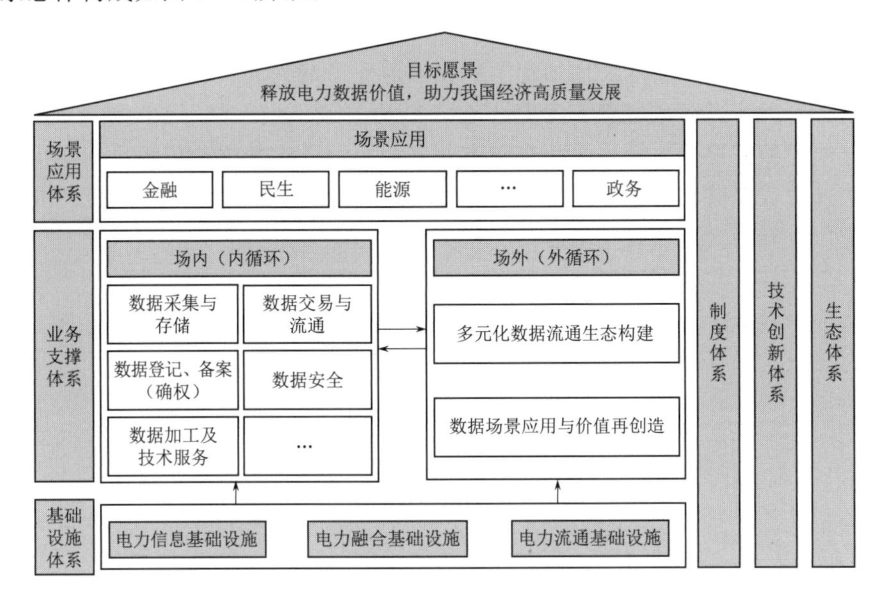

图 3－1　电力数据要素市场体系总体构成

（1）目标愿景。电力系统一盘棋，释放电力数据价值，助力我国经济高质量发展。

（2）场景应用体系。电力数据要素在千行百业中的场景应用，如金融、民生、能源、政务等行业领域，解放和发展数据生产力，推动电力数据要素赋能经济社会全面高质量发展，为数据要素全国统一大市场建设贡献国网经验。

（3）业务支撑体系。基于电力数据要素市场基础设施体系提供的算力、网络服务和电力流通工具组件，支撑场内场外相结合的电力数据要素运营管理。其中：场内是电力数据原材料供给、产品加工、认定估值和内部流通市场，同时也是场外流通交易的前提和基础，在国网各级公司、部门内部实现；场外是电力数据产品和数据服务在国网外部交易流通的市场，也是释放电力数据价值，最大化社会效益和经济效益的市场。

（4）基础设施体系。统筹建设电力信息基础设施、电力融合基础设施和电力流通基础设施，为电力数据要素市场发展提供基础设施支撑。电力信息基础设施主要是指以 5G、物联网等为代表的通信网络基础设施，以区块链、隐私计算等为代表的新技术基础设施，以数据中心、智能计算中心为代表的算力基础设施等。电力融合基础设施主要是指深度应用互联网、物联网、大数据、人工智能等技术，支撑电力传统基础设施转型升级，进而形成的融合基础设施，其赋予传统基础设施建设新的内涵，如源网荷储协调发展的智能电网。电力流通基础设施主要是指保障电力数据要素安全可信、合规流通的基础设施，如数据公证平台、数据交易平台、数据登记备案（确权）平台、数据评估（定价）平台等。

（5）制度体系。基础制度是保障数据要素市场规范发展的前提条件，包括数据产权制度、会计认定制度、资产登记制度、定价制度、收益分配制度、市场监管制度等内容。

（6）技术创新体系。电力数据要素市场访问主体多元、来源广泛、访问场景异构，通过构建自主可控的技术创新体系，跟踪研究新技术、新模式，规划创新技术路线，思考与业务的应用价值结合点，包括数据采存、数据计算、数据流通、数据治理、数据安全等技术。

（7）生态体系。数据要素发展加速了数字能源生态的构建，通过电力数据与产业链上下游数据的融合共享，打破能源产业链壁垒，助力“政—用—产—学—研”的多元互动，进一步拓展电力数据要素应用场景和合作方式，为释放电力数据价值提供安全可信、包容创新、公平开放、监管有效的电力数据要素市场环境，包括市场供给生态、市场流通生态、市场应用生态、市场监管生态。

第 4 章

电力数据要素市场的发展路径

4.1 电力数据要素市场的重点环节

4.1.1 数据采集与存储

电力数据要素市场化配置作用充分发挥的前提条件是必须具备安全可靠的数据来源。电力数据具有独特的特性，这些特性与电力行业的特性以及数据的规模和种类密切相关，这些特性对电力数据采集与存储提出了更高的要求。

（1）高频率采样。电力数据通常以高频率进行采样，以捕捉电网状态、负荷变化、电压频率等实时变化。这些高频率数据可以提供对电力系统运行的详细了解。

（2）大数据量。电力系统由多个发电站、变电站、输电线路等组成，每个组件产生大量数据。这就要求电力系统能够处理和存储大规模的数据，需要强大的计算和存储能力。

（3）时序数据。电力数据通常是时序数据，随着时间的推移而产生。这种数据的时间分布对于电力系统的运行和管理至关重要，需要考虑时间序列分析和预测。

（4）多源异构数据。电力数据来自多个不同的源头，包括传感器、智能电表、监控设备等。这些数据可能以不同的格式和协议存在，需要进行整合和转化。

（5）实时性要求。电力数据需要实时收集和分析，以支持电网的实时监测、控制和调度。任何延迟都可能影响电网的安全和稳定运行。

（6）地理分布。电力系统的组件分布在广大区域，包括城市、乡村和偏远地区。因此，电力数据可能涉及不同的地理位置和环境。

（7）复杂关联性。电力系统中的各个组件之间存在复杂的关联性，数据之间可能存在依赖关系，需要进行关联分析以了解系统的整体运行情况。

（8）多样性数据类型。电力数据不仅包括数字数据，还可能包括图像、声音等其他类型的数据，如监控摄像头的图像、设备声音等。

（9）隐私和安全考虑。电力数据涉及用户的用电信息和个人隐私，需要采取措施保护数据的安全性和隐私。

以云南电网有限责任公司（以下简称“云南电网公司”）实际应用为例，云南电网公司印发了《数据采集与供给指导意见》，明确了电力数据采集与供给的工作范围、内容和流程，保障数据采集与供给各项工作规范有序，确保实现全域数据统一汇聚、海量数据统一存储、数据服务统一供给、数据安全统一管控。在数据采集方面，平台运用数据仓库技术（Extract-Transform-Load，ETL）采集工具和实时数据采集两种方式，ETL采集工具对各业务系统进行不同来源、不同类型、不同粒度的离线数据采集，实时数据采集则是利用监测终端设备，实时、准实时采集在线数据；在数据存储方面，平台构建基于分布式文件系统的存储与计算体系，建设数据仓库及数据集市，支持数据表混管理、数据计算管理、数据质量管理。

4.1.2 数据登记与备案（确权）

4.1.2.1 数据登记体系

数据资产登记可以分为资源性数据资产登记（数据要素登记）和经营性数据资产登记（数据产品登记）。数据资产登记是支撑数据要素数据登记备案（确权）、流通、分配、治理各环节工作有效开展的基础，主要通过区块链技术（存证）、哈希技术、知识图谱等手段实现数据登记权力链和流通链安全可追溯。

数据供给方在登记数据要素或数字资产时主要包括以下信息：

（1）需说明数据集基本信息，包括名称、所属行业类别、数据类型、哈希值等。

（2）需要描述数据来源，如外购或授权获得，可提供交易凭证或许可文件；如爬取获得，需提供爬取对象的基本信息，包括但不限于网址或数据库地址、授权许可关系等；如由企业自生，可简要描述产生于生产流程中的哪一环节等。

（3）需要描述数据实现收益途径，包括数据用途、稀缺性、开发可行性等。

（4）需要说明数据权属关系，是否享有使用权或经营权。

（5）需要说明数据是否涉密及是否存在法律争议。

（6）需要登记机构通过线上随机采样或现场核验等方式进行审计，核验通过后颁发数据（产品）登记证书，完成资产登记。

以2023年6月北部湾大数据交易中心完成首笔电力数据产品登记及交易为例，其数据（产品）登记证书如图4-1所示。

4.1.2.2 数据登记备案（确权）流程

明确产权、设立产权保护制度是所有生产要素参与生产、获得收益的基础，数据要素也不例外。数据要素产权是附着在数据上的一系列排他性权利的集合，是调整人与人之间关于数据使用的利益关系的制度，数据登记备案（确权）是电力数据要素发挥价值的基础和交易流通的前提，具体业务流程包括以下方面：

（1）数据资源盘点。按数据域开展电力数据资源盘点工作，梳理数据资源，梳理数据实体，识别数据属性。数据资源盘点完成后，数据管理部门发起数据资源登记注册，形成数据资产目录。一般采用“问题＋价值”双驱动的策略，优先对问题多发且对业务影响较大的数据项开展认责管理，通过责任落实改善和提升数据质量来控制和解决问题，支撑业务发挥价值。

（2）建立认责关系矩阵。基于数据资源目录，识别各专业领域认责的数据实体，建立数据实体与组织机构各方（集团公司、分子公司的相关责任部门）之间的权责矩阵，将相关数据责任落实到对应岗位人员的日常工作和数据操作中。责任的落实需要结合数据标准的贯标开展，强调认责与规范录入行为同步，避免数据问题的发生。

（3）梳理操作细则。在公司层面梳理出认责数据项所对应的关键业务流程、节点名称、系统名称及其他关联数据项，组织数据管理者和使用者梳理所属企业的数据管理要求，并明确到具体的二级部门、业务操作岗位，以及数据操作权限［创建、更新、读取和删除（Create-Update-Read-Delete，CURD）的处理数据基本原子操作］，明确相关岗位应承担的数据责任。明确岗位认责数据范围，对数据录入、审核责任给出相应的操作指南。

图 4-1　北部湾大数据交易中心首笔电力数据产品登记

（4）制定认责制度。在认责关系矩阵和操作细则基础之上，企业应从专业层面梳理相关数据实体、属性的数据管理要求，例如数据质量要求、数据安全和个人隐私保护要求、数据标准规范等，形成数据管理制度手册，为进一步规范数据相关方的管理和使用行为提供制度约束。

4.1.2.3　数据登记备案（确权）技术

数据登记备案（确权）涉及隐私权、财产权、安全权等多种权力，直接交易原始数据情况下，数据登记备案（确权）难度较大，主要体现在以下方面：

（1）电力数据权利性质尚未明确。关于数据权利的性质，理论界有所有权保护说、知识产权保护说、债权保护说和新型权利保护说，尚未形成一致意见。

（2）电力数据权利主体难以划分。数据从产生之际就涉及个人、企业、政府部门等多个主体，数据的挖掘、加工等再创造过程又会与更多的主体产生关联，其权属难免存在多重性，不易划分。

（3）电力数据应用场景多样多变。数据可复制并具有非排他性，因此相同的数据可以被不同主体应用在不同场景中。在不同的应用场景下，同一数据会产生不同的价值，从而也产生了复杂的利益关系。

在电力数据要素登记备案（确权）实践中，通过引入数据元件，将数据登记备案（确权）分解成针对数据资源、数据元件、数据产品的三次数据登记备案（确权），能够有效降低数据登记备案（确权）的复杂度，使数据要素数据登记备案（确权）难的问题得到解决。数据元件是通过对数据脱敏处理后，根据需要由相关字段形成的数据集或由数据的关联字段通过建模形成的数据特征，即按照数据治理工序流程对数据资源进行脱敏、模型加工后形成的初级数据产品。

通过将数据资源开发为数据初级产品，从而实现数据可数据登记备案（确权）、可计量、可定价、可监管和安全流通，实现数据资源与数据应用“解耦”。

此外，数据登记备案（确权）还利用到区块链技术，数据所有方将数据资产封装成块并将区块发布上链，通过区块链的唯一赋码机制以及不可篡改特性确保数据的唯一性，使得每一个节点都有数据登记备案（确权）的能力，并对数据资产数据登记备案（确权）进行监管。数据（产品）登记说明如图 4-2 所示。

4.1.2.4 数据登记备案（确权）机制

目前，国内外对于数据登记备案（确权）尚未达成统一认识。然而，众多国内外政府、机构、专家学者已经在数据登记备案（确权）的理论研究和实践中进行了大量探索。

欧美在数据权利规则制定方面发展较为成熟，因国情、文化、历史、价值观等因素，美国与欧洲在数据隐私保护和促进数据产业发展上各有侧重。美国在数据登记备案（确权）上选择走实用主义道路，采取立法与行业自律并行的机制，数据市场政策较为宽松。欧洲在进行数据登记备案（确权）时，将保护个人信息安全放在首要地位，注重保护个人数据权利，将数据分为个人数据与非个人数据，分别进行立法。

我国在数据登记备案（确权）方面的立法与实践尚不成熟，还没有出台针对数据产权归属问题的法律。但我国已经认识到建立健全数据产权制度的重要性，已经确立了数据登记备案（确权）的制度建设大方向，“数据二十条”明确了我国建立分类分级数据登记备案（确权）授权制度，推行“三权分置”的产权运行体制。对于公共数据，由于内容涉及群体性利益，具有社会公共性，因此对这类数据不能简单套用私法上的所有权理论，出于平衡个体利益与社会利益，应当赋予行政主体和社会自治组织数据管理权，并使其代表一般公众管理这部分公共数据，当前各个省份正试行以公共数据授权运营域等为核心加快探索公共数据授权运营机制。对于企业数据，该数据是企业在开展经营活动过程中形成的数据，典型的就是平台企业提供个性化服务的相关数据，这类数据由企业创造，包含着企业的知识产权与商业秘密等敏感信息，基于“谁投入，谁受益”的基本法理，这部分数据的所有权应当归属于创造它的企业，但这种权利不能滥用，不得损害国家社会利益和他人合法权利，且依据所涉内容与企业经营状况的关联度大小对数据进行分级，与企业经营发展关联度越高，则相关企业数据越敏感，越应当受到严格保护；对于个人数据，由于个人数据具有很强的人身依附性，故个人数据权利应着重体现对数据的控制力，制度设计的重点应当放在如何合理有效地实现个人对数据的知情同意方面。

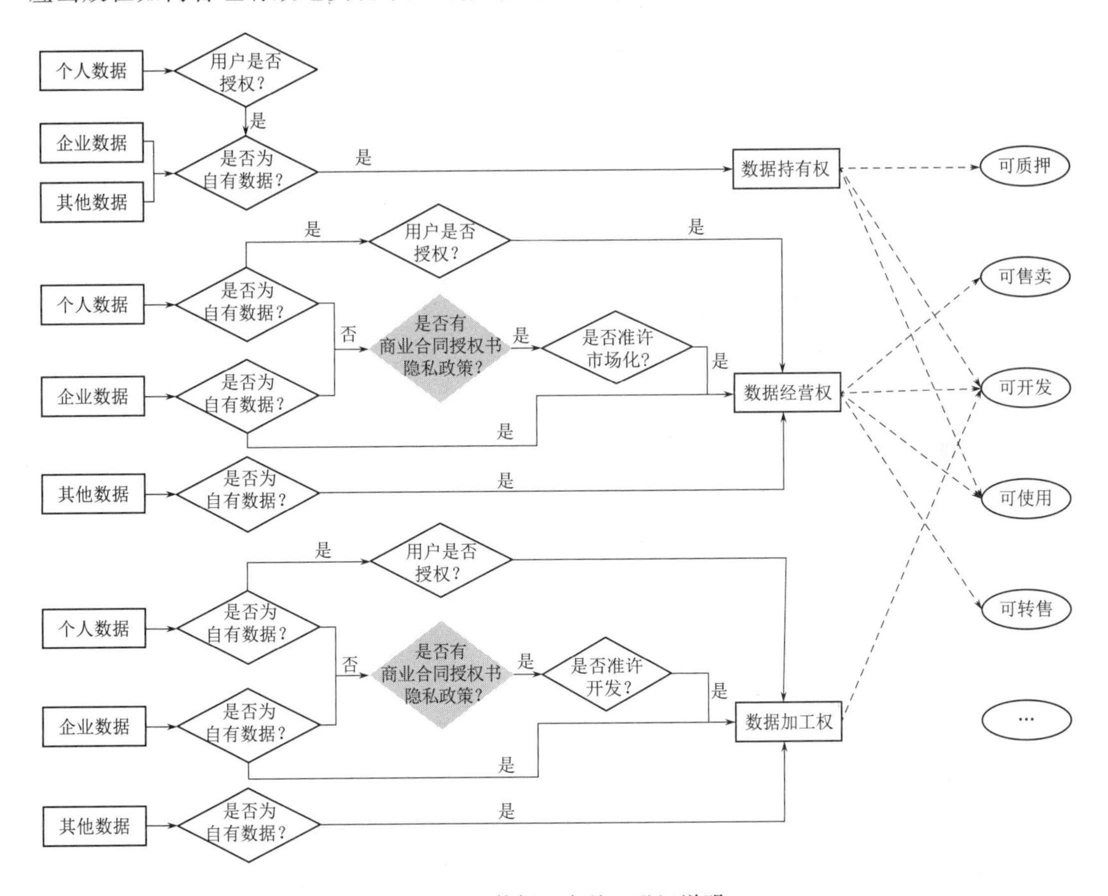

图 4-2　数据（产品）登记说明

4.1.3　数据加工及技术服务

电力数据具有覆盖面广、颗粒度细、数据类型多的特点，为数据加工带来一定的困难。一般情况下，电力企业需要融合使用云计算技术、智能算法和大数据分析技术，充分挖掘数据资源价值，为电力数据要素交易流通奠定基础。

4.1.3.1　数据提取

电力数据来源广泛，在进行数据汇聚加工的过程中，不仅需要对接内部各系统中的生产侧、传输侧、消费侧，例如用能类型、缴费方式、身份信息、终端使用、设备档案、用能时序等数据，还需要聚合外部政务、各能源企业数据。

在内部数据提取方面，通过知识图谱实体及链接，构建数据库与数据表之间的关系，数据表与数据字段之间的关系，将电力数据库名、表名、字段名和数据内容一个或者多个，从电力营销、运维、95598客服等系统中提取。此外，在针对特定特征提取方面，如时间序列特征提取，电网企业常用频域表示法（小波变换法和傅里叶变换法等）、奇异值分解法以及分段线性表示法来提取数据特征。

在外部数据提取方面，主要通过多方安全计算（Secure Multi-Party Computation，MPC）、联邦学习、差分隐私、同态加密等技术，实现在保护数据隐私的前提下，解决数据流通和应用等数据服务问题，充分发挥数据价值。电网企业通过搭建联邦学习支撑平台，通过引入MPC技术保障数据交互的安全性以及使用性能，在每个参与方部署联邦学习节点，实现融合更多源数据和数据开放共享最大化。联邦学习部署节点如图4-3所示。

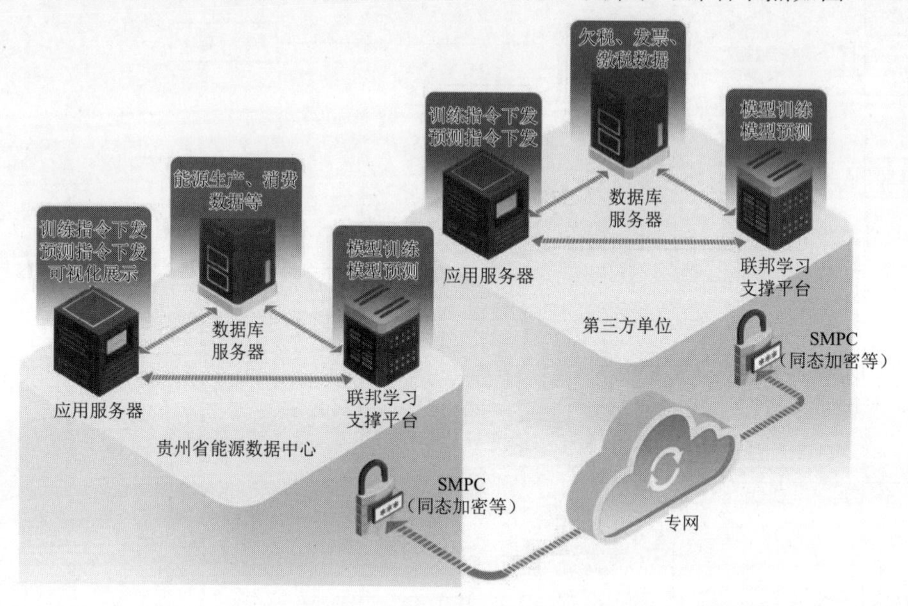

图4-3 联邦学习部署节点

4.1.3.2 数据转化

电力数据转化流程主要体现在电力用户分类、电力数据聚类、电力数据标注（音频、文本、图片识别技术）等方面。

电力用户分类上，在传统模式中对电力用户主要以用户的用电电压等级及用电模式的差异进行分类。随着云计算和智能算法的应用，对电力用户的分类也创新了方法。目前利用电力大数据对电力用户进行分类的方法，主要是利用电力大数据中涉及的数据信息，通过模糊算法、聚类算法、最小二乘法、决策树法、逆向分析法等分析，实现对电力用户的有效分类。

电力数据聚类上，聚类分析法快速和简单的特性，使其广泛应用于电力大数据的用户用电行为分析和用电负荷分析。电网行业在这方面主要用划分式聚类方法（Partition-based Methods）、层次化聚类方法（Hierarchical Methods）、基于密度的聚类方法（Density-based methods）等。基于云计算的k-means算法，在电力大数据分析平台中，对数据之间的关系和规律进行分析，并构建不同负荷类型的用户信息模型，此外，接入点（Access Point，AP）聚类的用电行为分析方法和基于随机森林的电力负荷预测方法，实现对用户用电行为的全面有效预测。

电力数据标注上，地理信息系统、95598 客服系统、项目管理系统、电子商务平台等产生的地理信息、客服语音、项目资料、物资采购信息等非结构化数据，以及无法直接使用的数据，需要根据使用者的需要，将其中有用的部分标记出来，转变为计算机可以理解的结构化数据。在图像和文本标注识别中，主要基于光学字符识别（Optical Character Recognition，OCR）技术，通过图像处理技术、字符分割技术、文字识别技术、自然语言处理技术，对输入数据进行处理，将图片中的文字识别出来，并转化为可编辑或可搜索的文本；在音频标注识别中，主要基于自动语音识别（Automatic Speech Recognition，ASR）、自然语言理解（Natural Language Understanding，NLU）、自然语言生成（Natural Leisure Generation，NLG）等技术，将声音转化为文字。此外，通过合理应用电力大数据中的 ETL 技术进行数据转换，将所有采集到的电力数据转化为可读数据。

4.1.3.3 数据治理

在电力数据治理上，需要使用数据处理技术，即对采集来的数据进行处理，主要方式包括分库、分区与分表。数据分库处理结合云计算、结构化查询语言（Structured Query Language，SQL）数据库等技术，完善 Hadoop 系统，对 Hive 命令进行使用，并在引入解析技术的前提下，满足电力大数据实时分析和计算的需求，提升大数据处理效率。数据分区处理通过 SQL 分区技术，提高查询性能、增强可管理性、实现数据分层、提高数据可维护性和增加数据可靠性等。数据分表处理，按照相关的数据处理原则来建造各种数据表，可以减轻单表压力。除此之外，构建并行式和纵列式数据库，可以提高数据加载性能，实现高效的数据查询。例如，可以将结构化查询语言和 Map Reduce 进行有机结合，可加强数据库中数据的处理性能，提高数据的抗压弹性。

4.1.3.4 数据可视化

电力数据可视化被广泛运用到监测指挥、分析研判、展示汇报等场景，更加直观，成为有力的决策工具，现阶段电网行业常用的可视化手段主要包括图表可视化与可缩放矢量图形（Scalable Vector Graphics，SVG）可视化。

图表可视化是以基础的图形和表格对相关数据进行直观展示的方法。借助图表可视化，可在相对较短的时间内，找到存在的问题，并借助数据的规律，对问题进行解决处理。在对图表可视化系统构建时，需要使用折线图、柱状图、表格等可视化展示方法，其中：折线图能够对某个时间段内，数据随时间变化的趋势进行描述；柱状图可通过柱状体的长度对数据的差异情况进行展示；表格的作用是对数据进行详细记录，相关的数据资源可通过搜索的方式进行获取。

电力企业可以通过 SVG 对不同类型数据以不同的颜色进行显示，由此可使数据变得直观化，以云南电网公司能源保供大屏展示为例，如图 4－4 所示。在这种可视化方法下，需要对某个特定区域内的电力数据进行掌握，按照相关的参数和指标，赋予电力数据不同的颜色，并用颜色的深浅程度对电力数据的实际情况进行表示。当需要对某个时间段内，各生产单位的情况进行了解时，便可使用不同的色块进行直观呈现，如果要对其中某个数据进行调用，则可借助 SVG 来完成控制，由此可使数据资源的查询和使用变得更加方便。

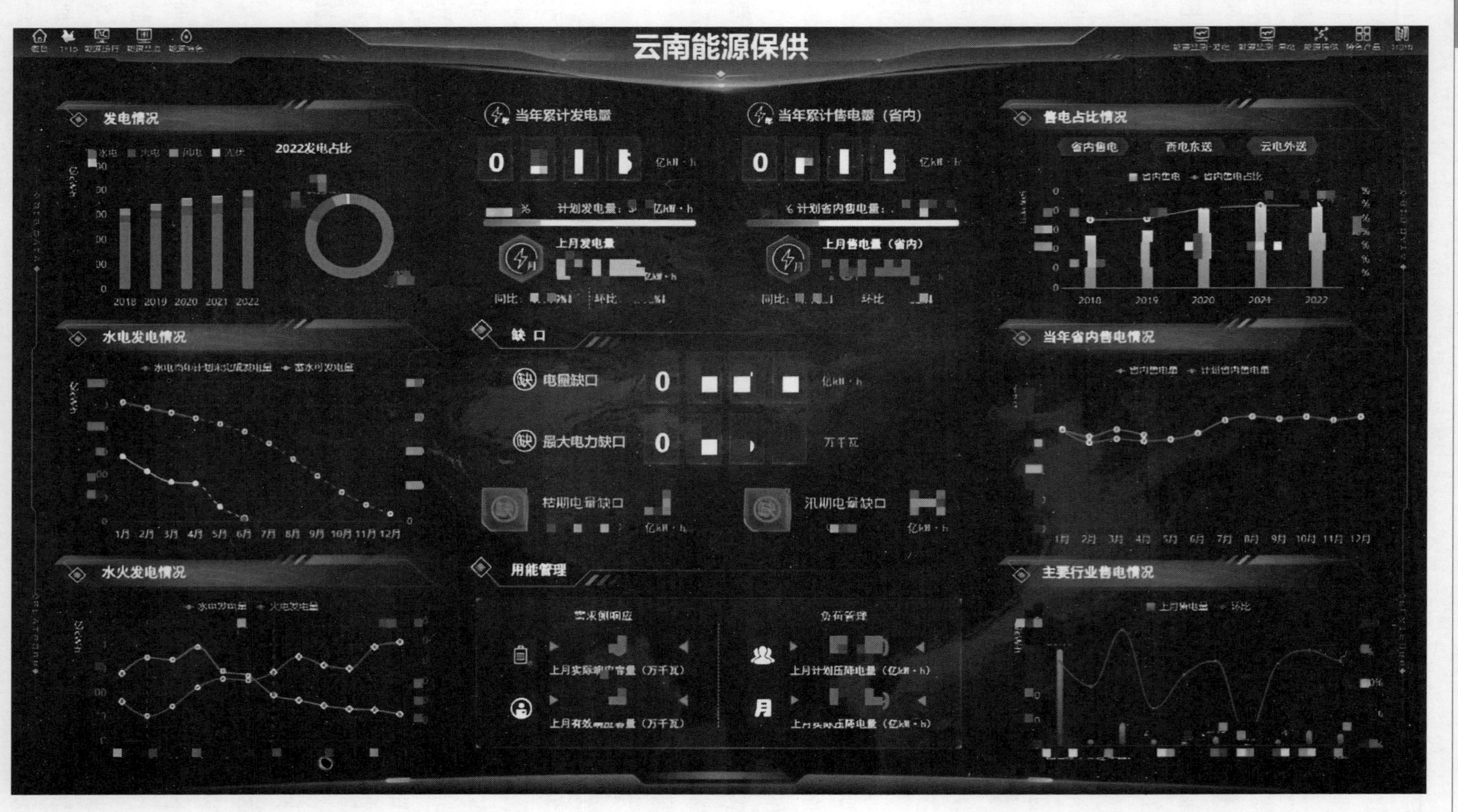

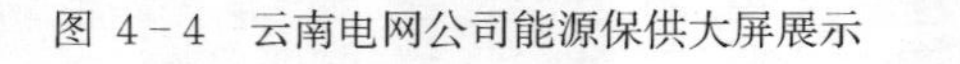

图 4-4　云南电网公司能源保供大屏展示

4.1.4 数据交易与流通

国家数据局组建、“数据二十条”发布等“四梁八柱”的搭建为能源数据价值发挥、经济社会发展赋能注入了新动能。为推动能源数字化智能化发展，国家能源局印发了《关于加快推进能源数字化智能化发展的若干意见》，要求通过能源大数据中心等应用试点，初步构筑数字化智能化创新应用体系，释放能源数据要素价值潜力。

4.1.4.1 数据要素流通体系

在电力数据要素流通体系建设过程中，要充分考虑要素流通政策与法律法规、数据要素流通制度、数据要素流通模式、数据要素流通技术、数据要素流通标准五个方面。

数据要素流通制度培育了数据要素流通市场的发展模式，而数据要素流通市场模式的成长又能丰富和完善数据要素制度。数据要素流通市场模式是数据要素市场化配置的关键环节，包括数据登记模式、数据定价模式、数据交易共享模式和数据服务运营模式。数据要素流通技术是促进数据要素流通的动力源泉，数据要素流通各环节需要相应的技术支撑，其中包括数据登记技术、数据元件技术、数据空间技术和数据隐私技术等。与此同时，标准化是规范数据要素流通市场的重要手段，形成安全可控高效的数据要素流通市场亟须构建涵盖多个环节的数据要素流通标准，通过多维度“统一”，加快数据要素流通，充分发挥其价值。

电力数据要素流通市场加快形成“以政策为引导、以法律法规为保障、以制度为抓手、以技术为支撑、以标准为基础、以流通模式为导向”的流通体系。

4.1.4.2 数据要素开放共享

各电网企业积极响应国家大数据战略，积极推进数据资产目录建设，制定数据共享开发原则，明确数据共享流程，全方面推进数据开放共享建设，充分释放电力数据价值，为数字中国建设添砖加瓦。

在数据资产目录建设过程中，各电网企业根据省能源主管部门能源数据目录体系，结合电力数据、产业上下游、政务数据类型，定义数据资产的属性，不同资产类型对应不同业务属性、管理属性，应用模式、资产目录视角等，形成数据资产权威、可信、可用的电力数据资产目录。在此基础上，编制数据分类分级规范，建立能源数据的分类体系，对分类后的电力数据进行定级，形成电力数据共享目录体系，为电力数据的共享提供指引。数据资产分类如图 4－5 所示。

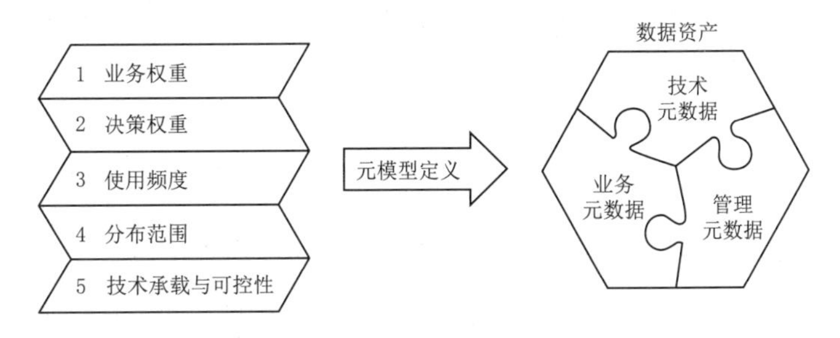

图 4－5 数据资产分类

电力数据共享目录，应当明确电力数据的共享类型。电力数据共享类型分为无条件共享、有条件共享、不予共享三种类型；可提供给社会面共享使用的电力数据属于无条件共享电力数据；可提供给相关能源单位共享使用或者仅能够部分提供给所有政务部门共享使用的电力数据为有条件共享电力数据；不能提供共享使用的电力数据为不予共享电力数据。

电力数据共享应遵循最大程度共享、无偿共享、最小授权为原则。最大程度共享原则，即以共享为原则，不共享为例外，除法律、法规、规章另有规定不得共享外，原则上应当共享能源数据；无偿共享原则，即参与电力大数据共享数据建设的相关关系方，共享电力数据时不得收取费用；最小授权原则，即因履行职责需要使用共享数据的政务部门提出明确的共享需求和数据使用用途，获取履行职责所需的最少够用的能源数据和具备完成职责所需最少的数据操作权限。

针对不同类型电力数据，设置不同的共享原则。对于属于无条件共享的能源数据，可以通过电网相关渠道直接获取；对于属于有条件共享的能源数据，需要向能源政府、电网提交申请；对于不予共享的能源数据，以及不符合共享条件的有条件共享类能源数据，当申请单位提出核实、比对需求时，能源数据采集提供部门应当予以配合。除非法律、法规、规章另有规定。

4.1.4.3 数据要素价值确认

构建科学合理的数据资产估值和定价机制，是打造健全电力数据交易流通市场的重要前提。目前，数据要素价值评估主要采用成本法、市场法、收益法以及其他方法。

成本法是基于产生和存储数据的成本，以及替换丢失数据的成本，并考虑对现金流的影响。这种方法虽然允许一个组织将其数据的价值概念化，简单、易于计算，但是在某些场景下会低估数据的价值，因为它仅关注数据价值的一个方面，而忽略了数据如何成为业务价值的问题。在不同的应用场景中，数据所释放的价值具有差异性。

市场法基于其他人在公开市场上为可比数据支付的费用，通过观察这些销售数据并计算数据销售价格。这种方法局限性强，主要是某些数据根本不进行交易，因此可能没有可比的商业数据示例；某些数据是独一无二的，因此无法找到可比较的例子进行研究。

多期超额收益法是收益法的一种，其采用逆向思维，通过将所求资产以外其他资产所产生的贡献收益额从企业总体收益中剔除，再以合理的折现率进行折现，从而求得目标资产价值，如图 4-6 所示。超额收益的预测是运用多期超额收益法的关键，在运用时一般可选分成法或差量法。由于数据资产通常难以明确界定分成率，所以差量法在实务中更易得到运用。

2023 年 2 月，在国家发展改革委价格监测中心的指导下，贵阳大数据交易所自主研发的全国首个“数据产品交易价格计算器”正式上线。通过建立估价模型，以数据产品开发成本为基础，综合考量数据成本、数据质量、隐私含量等多重价值因素对数据产品价格的影响，基于预计的商业模式和市场规模，评估计算数据产品价格，为数据交易买卖双方议价提供参考，补全“报价-估价-议价”的价格形成路径中关键环节，促进数据要素高效配置、公平交易和自由流动。2023 年 4 月，南方电网贵州电网公司与中鼎资信评级服务有限公司完成全国首笔基于贵阳大数据交易所的“数据产品交易价格计算器”估价的场内交易，如图 4-7 所示。

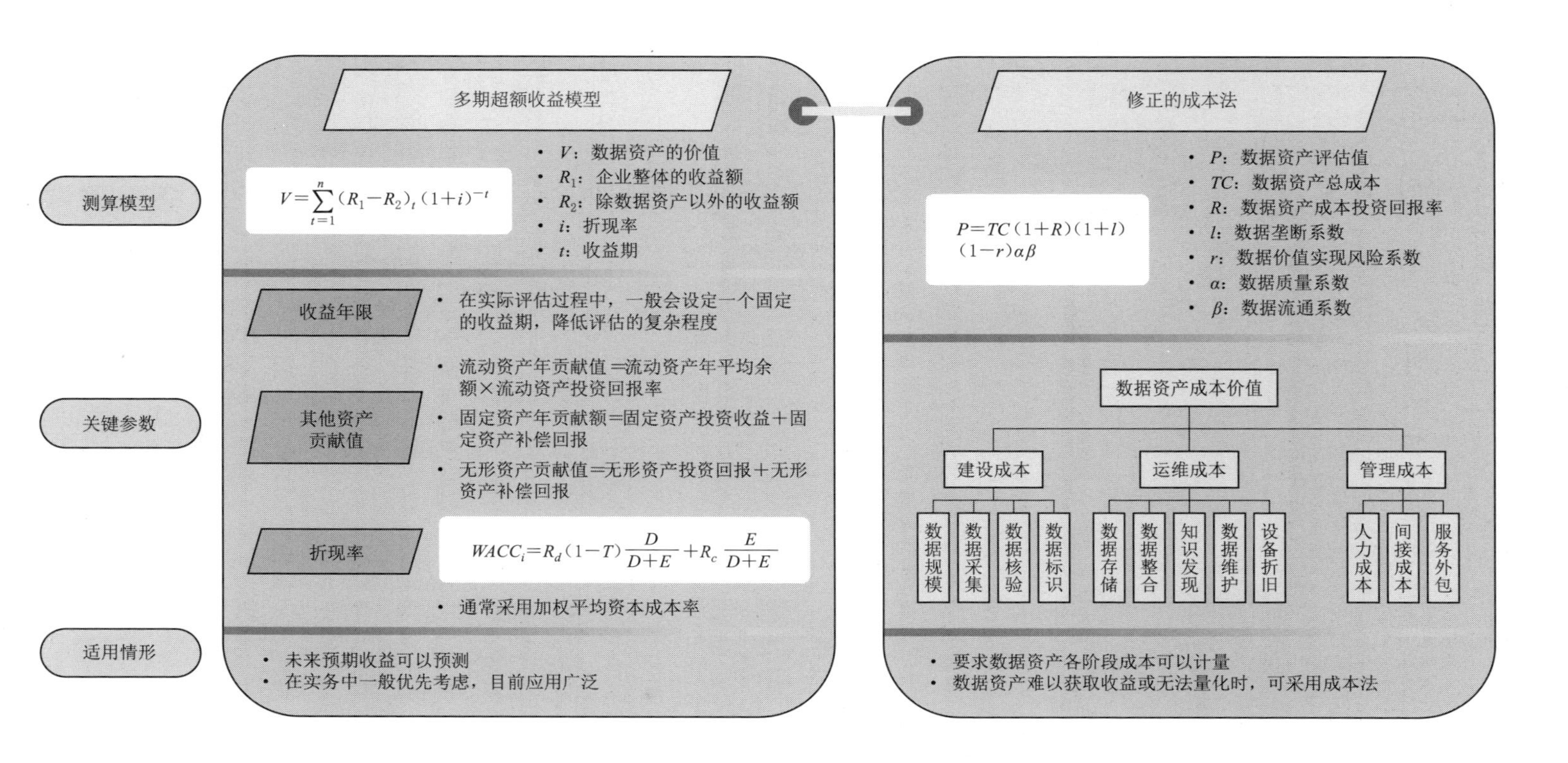
测算模型
关键参数
适用情形
多期超额收益模型
$V=\sum_{t=1}^{n}(R_1-R_2)_t(1+i)^{-t}$
V：数据资产的价值
R_1：企业整体的收益额
R_2：除数据资产以外的收益额
i：折现率
t：收益期
收益年限
在实际评估过程中，一般会设定一个固定的收益期，降低评估的复杂程度
其他资产贡献值
流动资产年贡献值=流动资产年平均余额×流动资产投资回报率
固定资产年贡献额=固定资产投资收益+固定资产补偿回报
无形资产贡献值=无形资产投资回报+无形资产补偿回报
折现率
$WACC_i=R_d(1-T)\frac{D}{D+E}+R_c\frac{E}{D+E}$
通常采用加权平均资本成本率
未来预期收益可以预测
在实务中一般优先考虑，目前应用广泛
修正的成本法
$P=TC(1+R)(1+l)(1-r)\alpha\beta$
P：数据资产评估值
TC：数据资产总成本
R：数据资产成本投资回报率
l：数据垄断系数
r：数据价值实现风险系数
α：数据质量系数
β：数据流通系数
数据资产成本价值
建设成本
运维成本
管理成本
数据规模
数据采集
数据核验
数据标识
数据存储
数据整合
知识发现
数据维护
设备折旧
人力成本
间接成本
服务外包
要求数据资产各阶段成本可以计量
数据资产难以获取收益或无法量化时，可采用成本法

图 4-6　多期超额收益法

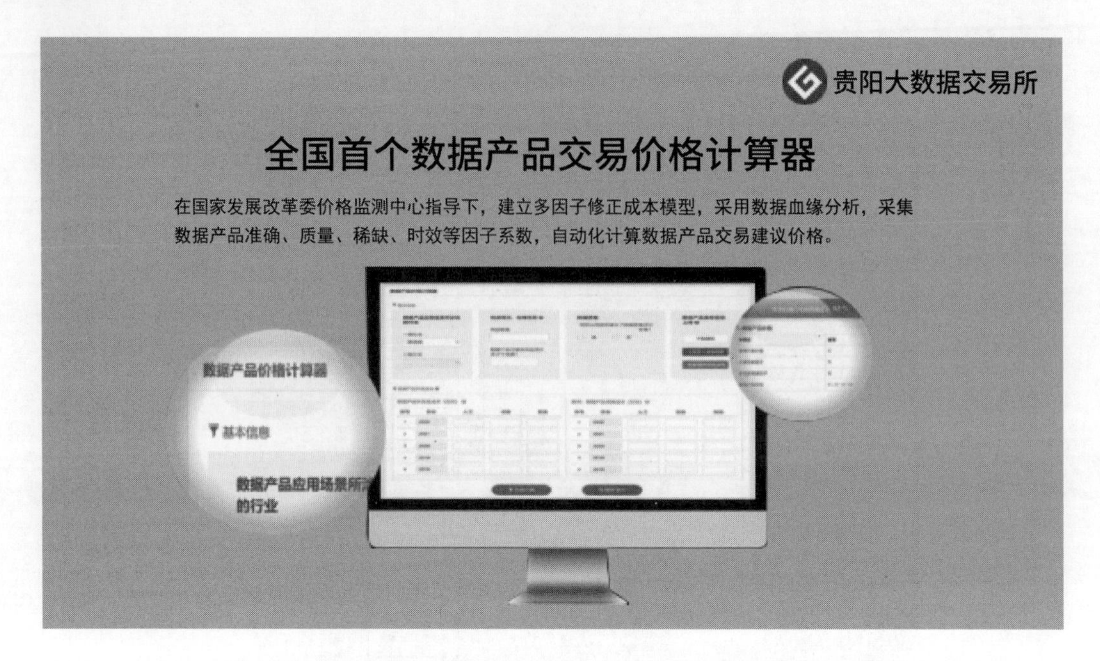

图 4-7　首个基于“数据产品交易价格计算器”估价的场内交易

4.1.4.4　数据要素交易模式

电力数据要素交易模式包括数据信托模式、数据交易所模式等。数据信托是传统信托业务模式的创新，是一种在保护数据持有者权益与风险的前提下的商业合约机制，是可以在充分保证数据隐私合规的前提下建立多方协同的数据交易变现模式。广西电网有限责任公司（以下简称“广西电网”）、南方电网贵州电网公司（以下简称“贵州电网”）尝试构建数据信托业务模式有助于推动数据资产评估、数据监管机制、数据权益分配机制、数据授权机制的建设，实现数据资产价值变现目标。

数据信托模式主要通过建立数据运营授权机制、多方协同机制、数据授权机制、数据信托权益凭证、收益分配机制，推动数据要素释放与数据价值实现。在此模式下，能源数据中心作为数据所有者与委托人，根据自身需求确定用于设立信托的能源数据包，寻找第三方数据信托企业，双方签署托管协议，将数据信托产品的使用权转移给受托公司，受托公司将数据加工成委托人要求的数据信托产品和服务，在此基础上，受托公司与银行等金融机构签署数据信托权益电子凭证，由金融机构推广信托产品，信托产品利益收入按照权益合约进行分配。广西电网数据信托交易模式如图 4-8 所示。

数据交易所模式通过数据交易所上架电力数据专区。例如，贵州电网在贵阳大数据交易所上线全国首个“电力数据专区”，如图 4-9 所示。该专区产品体系包括标准化电力数据产品、场景化电力数据产品、电力数据体验样例、电力数据算力产品等 4 大类共计 28 个产品及电力数据权威验真服务。

4.1.5　数据安全

电力行业利用数据要素改进电力企业的生产、营销、客服、组织管理等各个业务环节的运营效率，电力数据的深度应用与广泛使用，正推动电力行业及依赖电力数据发展的行业迎来前所未有的发展机遇。但同时这些行业也面临诸多风险，对数据在多个系统、环节和组织生产过程中的管理和风险控制变得越来越重要，鉴于电力数据与民生密切关系，对数据安全、用户隐私保护以及数据合理使用等方面提出了更高要求。

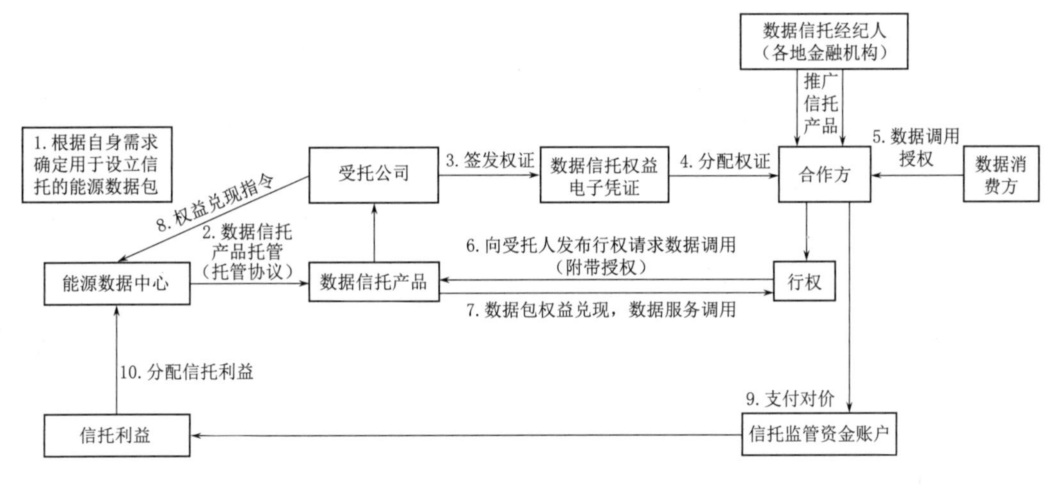

图 4-8　广西电网数据信托交易模式

图 4-9　贵州电网在贵阳大数据交易所上线全国首个“电力数据专区”

2021 年 9 月，《中华人民共和国数据安全法》正式施行，其指出了两条数据安全路径：①以数据分类分级为纲，建立数据分类分级保护制度，对数据实行分类分级保护，确定重要数据，列入数据目录进行重点保护，确保数据安全；②以数据风险为领，面向数据处理活动，包括数据的收集、存储、传输、加工、使用、提供、公开、交易，通过数据风险评估、数据风险监测、数据安全事件应急处置提高数据安全管理能力。

电力数据安全风险治理的核心是从数据资产出发，识别和发现电力企业敏感数据资产存储的系统和涉及敏感数据的应用，对数据和系统进行分类定级，围绕敏感数据资产流动时的暴露面、脆弱性，以及流向等风险分析评估数据安全风险。

4.1.5.1 开展电力数据分类分级

数据分类分级是数据安全治理实践过程中的关键场景，是数据安全工作的桥头堡和必选题，所以电力数据安全治理的第一步是电力数据的分类分级。参考中国信息通信研究院制定的数据分类分级场景建设“七步走”框架，制定电力行业数据分类分级治理步骤如下：

（1）建立组织保障，明确数据分类分级工作的组织架构、职责分工，为工作的推进提供支撑。

（2）梳理数据资源，对组织内的全部数据资源进行识别、梳理，形成数据资源清单。

（3）明确分类分级方法、策略，参考国家、电力行业分类分级要求及规范，结合企业自身特点，明确数据分类分级的方法、策略。

（4）完成数据分类，依据分类的原则及策略明确类别清单，并对数据资源清单中的数据进行分类。

（5）逐类完成定级，依据分级策略，对分类后的数据进行定级。

（6）形成分类分级目录，整理形成电力行业数据分类分级目录。

（7）制定数据安全策略，根据数据级别，制定数据安全策略，部署防控措施。

4.1.5.2 建立电力数据风险治理体系

面向电力企业的数据处理活动，建立电力行业数据风险治理策略体系，依赖数据安全技术和产品，落实数据风险治理过程。电力数据的流动大部分产生在应用的过程中，数据的风险除了在存储和访问环节（仓管视角）外，更重要的风险在于使用环节（监工视角），大部分的数据风险来自应用层的数据风险，包括爬虫、数据截留、私下交换和业务违规等。

依据这些安全风险，制定电力企业统一的数据安全策略，并依赖以数据为中心的各点数据安全产品，根据统一的数据安全策略实施数据安全风险监测，感知敏感数据资产、暴露面、脆弱点、流向、行为等各类风险（变动、策略违反行为、高风险事件、可疑威胁行为），对风险和威胁进行感知，结合统一的数据安全策略，给出响应的措施，最后映射到以数据为中心的各点数据安全产品上，执行对风险的响应。建立电力数据风险治理体系的关键是尽量减少对业务和数据流动的直接管控，而通过依据对电力数据相关资产的识别追踪，更加精细化地对各类数据风险进行实时监测，根据监测发现的风险，结合统一的数据安全策略，制定相关的风险处置手段，再进行响应和风险控制，实现数据使用效率和安全风险可控的平衡，以达到数据安全治理的目的。

4.1.5.3 推动电力数据安全治理运营

建立支撑电力数据分类分级和数据风险治理体系的数据安全管理组织、制度和流程，以及数据安全运营体系，是持续推动电力数据安全治理的保障。

电力企业内部负责数据安全治理例行事宜的通常是一个常设的虚拟团队，一般称为数据安全治理委员会或数据安全治理小组，明确数据安全治理的政策、落实和监督的责任人，可确保数据安全治理的有效落实。数据安全治理委员会或数据安全治理小组，这个机构本身既是安全策略、规范和流程的制定者，也是安全策略、规范和流程的受众。数据安全治理的早期启动，可以由业务或安全部门来发起，此后逐渐完备整个组织的构成。

制度、流程和规范方面，应明确电力企业数据安全治理的目标重点，制定“以分类分级为基准，以数据流动风险管控措施为核心，管理与技术并重”的数据安全治理方针。同时，以数据安全治理体系建设导向，建立电力企业、组织数据安全管理、组织人员与岗位职责、应急响应、监测预警、合规评估、检查评价、教育培训等制度；以操作流程和规范性文件，构建安全规范导向，作为制度要求下指导数据安全策略落地的指南，建立数据分类分级操作指南、技术防护操作规范、数据安全审计规范等指导性文件；以表单文件为组织安全执行导向，作为数据安全落地运营过程中产生的执行文件，建立数据资产管理台账清单、数据使用申请审批表、安全审计记录表、账号权限配置记录表等。

电力数据安全管理和技术体系的落地，离不开数据安全运营。从规范和策略管理、发现/管理数据资产、敏感数据管理、应用信息备案、数据安全合规管理、事件监测和处置、策略稽核和完善等七个方面构建电力企业整体安全运营体系；从数据资产、安全策略合规、安全事件、安全风险四大维度来构建电力企业数据安全运营措施，量化每个维度的数据安全管控建设指标，不断丰富和提升数据安全建设的完整性和成熟度。同时，建设数据安全运营平台，支撑数据安全合规管理和运营，实现数据安全运营流程化、规范化，持续保护数据安全。

4.2 电力数据要素市场发展的基础设施

随着电力行业的数字化转型和智能化发展，数据的价值日益凸显，成为推动经济发展和市场决策的核心要素之一，而稳健的数据基础设施是电力数据要素市场发展的重要支撑。电力数据要素市场发展的基础设施包括电力信息基础设施、电力流通基础设施和电力融合基础设施三大类，它们为电力市场提供了必要的技术支持和信息基础，助力电力数据要素市场的有效运行。电力数据要素市场发展的基础设施如图 4-10 所示。

4.2.1 电力信息基础设施

电力信息基础设施主要是指以 5G、物联网等为代表的通信网络基础设施，以区块链、隐私计算等为代表的新技术基础设施，以数据中心、智能计算中心为代表的算力基础设施等。

4.2.1.1 通信网络基础设施

电力行业关系国计民生和国家安全，电力通信网络作为电力系统的关键基础设施，其安全性和可靠性对电力系统的安全稳定运行至关重要。在过去 30 年间，电力通信网络一直使用原生硬管道（Native Hard Pipe，NHP）技术，去承载电力生产业务。随着生产业务的发展，硬管道技术已经演进到第五代。展望电力行业的发展，在碳达峰、碳中和背景下，新能源成为趋势，新能源供电占比逐渐加大。

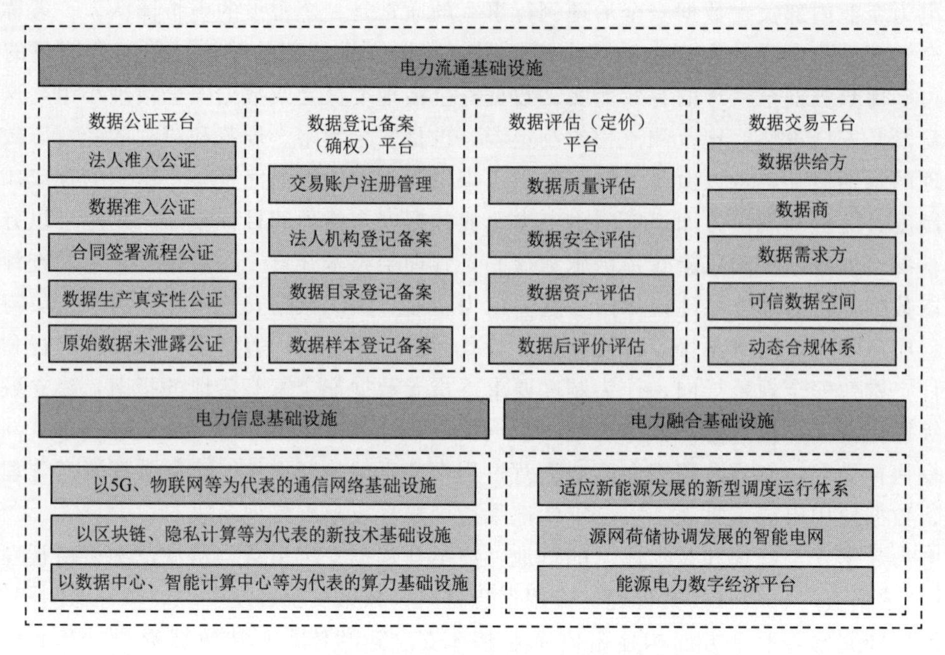

图 4-10　电力数据要素市场发展的基础设施

新能源的分布广，以及间歇性、随机性、波动性等不可控因素，给电网的安全稳定运行和经营成本可控带来了巨大的挑战。电网从“源随荷动”的传统电力系统向“源网荷储”四维互动的新型电力系统发展。在新能源占比逐渐提高的新型电力系统中，高比例新能源接入和大规模电力电子设备应用使得系统更加复杂，电网运行面临电力电量平衡的不确定性增大、系统惯量水平下降等挑战。电力企业需要统筹考虑高比例新能源发展和电力系统的安全稳定运行，加快电力系统数字化升级，以有效支撑源网荷储一体化发展。因此，需要构建更加坚强、弹性、多业务承载的电力通信网络，实现新能源、柔性负荷的全面感知，在“可观、可测、可调、可控、可追溯”基础上，有效支撑生产作业、运行管理、运营管控，为电力系统安全稳定运行奠定坚实基础。

4.2.1.2　新技术基础设施

在全球范围内，区块链在能源电力领域已经拥有众多应用案例，经过区块链授权后，可以对所有参与电力供需互动的实体用户进行统一管理，任何电力用户都可以通过注册机制参与到区块链的运算中，在电网辅助服务市场建立一个总账本，运用去中心化的大数据系统检验后参与到电网交易中。大量电网基础设施、用户设备加入电力市场，由电力企业、能源服务商、负荷集成商、政府以及第三方机构共同记账，在电力市场中所有的交易都会在参与节点被记录下来，建立联系。由于所有参与的电力用户行动都会被记录和追溯，所以要想改变历史数据基本是不可能的，这样也就可以保障在需求侧参与电力供需互动的正常交易。

当前区块链在我国电力领域的应用主要分为三个方面：①区块链与电力系统相结合，保证业务数据上链的安全性和可追溯性，利用智能合约技术实现业务办理自动化，主要包括电力交通方面（电动汽车充电）、点对点交易、可再生能源证书管理等；②区块链与电力金融相结合，主要包括供应链金融、电子合同、电费金融等；③区块链与电力企业管理相结合，主要包括电力审计、企业安全管理、电网管理等方面。

4.2.1.3 算力基础设施

电力数据中心是大规模存储、处理和管理数据的设施，为电力数据的采集、存储和分析提供了必要的基础设施。数据中心能够传递、存储、展示和计算数据信息，以最快速度和最小延迟处理大量的数据，是承载数据的基础物理单元，也是算力的重要载体，为保障数据安全存储与深度分析提供重要支撑。

随着电力系统的数字化发展和智能设备的普及，大量的实时数据、历史数据以及相关数据在电力行业中不断涌现。数据中心通过高效的服务器和网络设备，能够快速地处理海量的电力数据，为市场参与者提供准确、实时的信息支持，帮助他们做出科学决策和精准预测。

电力数据中心还具备数据备份和容灾能力，确保电力数据的安全性和可靠性。在电力系统中，数据的完整性和可信度至关重要，因此数据中心采取了严格的安全措施，包括物理安全、网络安全和数据加密等，以防止未经授权的访问、数据泄露或篡改。此外，数据中心还通过备份和容灾技术，确保数据的可恢复性和连续性，以应对意外事件和灾难。

4.2.2 电力流通基础设施

电力流通基础设施主要是指保障电力数据要素安全可信、合规流通的基础设施，主要包括电力数据公证平台、电力数据登记备案（确权）平台、电力数据评估（定价）平台和电力数据交易平台等。电力融合基础设施如图 4-11 所示。

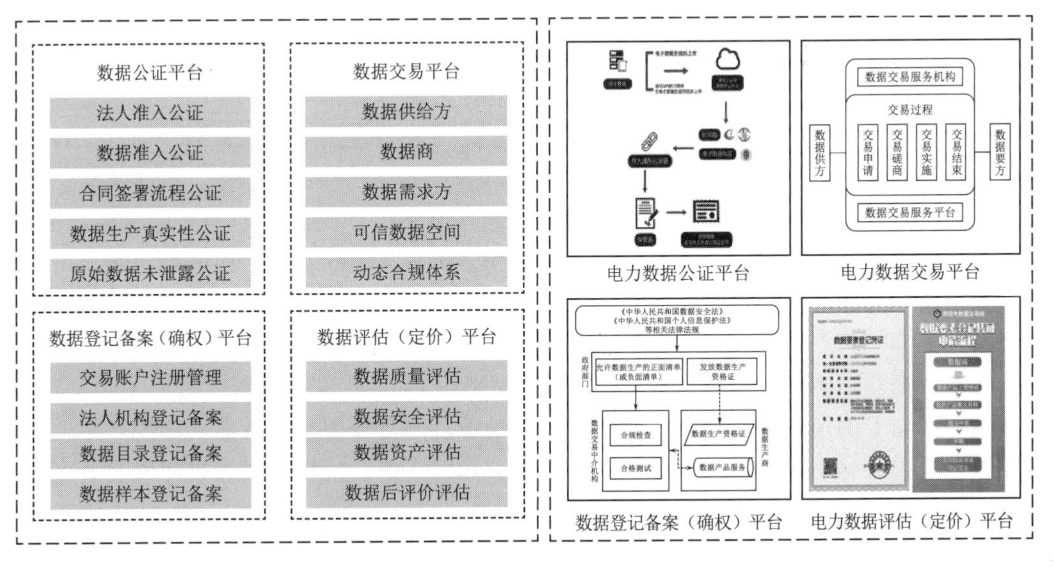

图 4-11 电力融合基础设施

4.2.2.1 电力数据公证平台

电力数据公证平台的建设涉及多个方面，包括法律合规性、数据安全性、合同签署流程、数据真实性等。电力数据公证平台主要包括法人准入公证、数据准入公证、合同签署流程公证、数据生产真实性公证、原始数据未泄露公证等五大功能。

(1) 法人准入公证。在建设电力数据公证平台时，首先需要确保参与平台的各个法人实体的合法性和资格。这可以通过法人准入公证来实现，以验证参与者的身份、注册信息以及合法性，确保平台上的各方都是合法的经营实体。

(2) 数据准入公证。数据在平台上的准入需要一定的公证过程，以确保数据的来源和合法性。数据准入公证可以包括数据供给方的身份验证、数据的产生或采集过程的真实性，以及数据是否符合相关法规和标准等。

(3) 合同签署流程公证。平台上的交易和合作可能需要签署合同，为了确保合同签署的过程合法可靠，可以引入合同签署流程公证。这可以涵盖合同各方的身份确认、合同条款的准确性，以及签署过程的真实性。

(4) 数据生产真实性公证。对于涉及数据的交易和使用，需要确保数据的真实性和准确性。数据生产真实性公证可以验证数据的来源、采集过程和处理过程，以确保数据没有被篡改或伪造。

(5) 原始数据未泄露公证。在数据交易过程中，保护原始数据的隐私和安全非常关键。原始数据未泄露公证，可以验证数据供给方是否确保了数据的安全传输和存储，以及在交易过程中是否遵循了隐私保护的法规和规定。

综合来看，电力数据公证平台的建设需要结合法律合规性、数据安全性、合同签署流程、数据真实性等多个方面进行规划和实施。这样的公证平台可以为电力数据要素市场的参与者提供信任和透明度，促进数据交易的发展并保护各方的权益。同时，平台的建设也需要与相关法律法规保持一致，确保合法合规经营。

4.2.2.2 电力数据登记备案（确权）平台

建立全国一体化的可信可追溯的电力数据登记备案（确权）平台，通过区块链等技术手段，确保电力数据的安全性、可信性和不可篡改性。电力数据登记备案（确权）是指对数据的合法拥有和使用权进行确认和保护，以防止数据被篡改或伪造。电力数据登记备案（确权）平台通过建立去中心化的数据交换和存储系统，确保数据的安全传输和储存，防止数据被非法修改或冒用。同时，电力数据登记备案（确权）平台还通过数字身份认证和授权机制，确保只有合法的参与者才能访问和使用数据，保护数据主体的隐私权和数据所有权。

电力数据登记备案（确权）平台的建立和应用，有助于增强市场的透明度和公正性，提高市场参与者的信任度和满意度。在电力市场中，电力数据登记备案（确权）平台可以追溯数据的来源和使用记录，确保数据的真实性和可信度。这样一来，市场参与者可以更加准确地评估电力市场的供求情况，制定相应的决策和策略。此外，电力数据登记备案（确权）平台还为数据提供产权保护，激励数据创造和共享，促进数据的流通和价值实现。

4.2.2.3 电力数据评估（定价）平台

基于电力数据的采集和分析，通过建立模型和算法，电力数据评估（定价）平台对电力市场的供需关系、价格形成机制进行研究和预测，提供合理的电力定价和市场监测。电力数据评估（定价）平台可以根据供需情况和市场条件，确定合理的电力数据价格，并将这些价格信息向市场参与者进行传递。通过定价平台的运用，可以实现电力数据要素市场的动态定价和合理竞争，促进市场资源的优化配置和市场效率的提升。

电力数据评估（定价）平台还可以提供市场监测和分析的功能，帮助市场参与者更好地了解市场动态和趋势。通过对电力数据的整合和分析，电力数据评估（定价）平台可以识别出市场的风险和机遇，为市场参与者提供科学的决策依据。此外，电力数据评估（定价）平台还可以通过建立模型和算法，对市场价格的波动和趋势进行预测，为市场参与者提供关于未来电力数据价格的参考信息。

4.2.2.4 电力数据交易平台

电力数据交易平台是电力数据要素市场的核心组成部分。电力数据交易平台提供电力市场的撮合和交易功能，将供求双方通过电力数据的交换连接起来。电力数据交易平台通过信息技术手段，实现电力数据产品的交易、结算和清算等核心业务，促进市场的流动性和竞争性。电力数据交易平台通过提供高效的交易通道和机制，为市场参与者提供便利的交易环境，促进市场的发展和繁荣。

电力数据交易平台采用数据流通技术，能够根据大量数据与场景、数据与数据间的有用性和价值关系，利用数据定价算法的网络化模型，对数据和场景进行科学合理的匹配，高效撮合数据交易，并采用区块链等可溯源技术对数据要素的交易、计算过程进行全程记录。

电力数据交易平台的发展和应用，可以为市场参与者提供更多的交易机会和灵活性，促进市场的发展和繁荣。交易平台通过实时的电力数据流和交易接口，降低了市场参与者之间的交易成本和交易风险，提高了市场的效率和流动性。同时，电力数据交易平台还可以引入新的市场参与者和交易产品，扩大市场规模和市场竞争，促进电力市场的开放和创新。

4.2.3 电力融合基础设施

电力融合基础设施主要是指深度应用互联网、物联网、大数据、人工智能等技术，支撑电力传统基础设施转型升级，进而形成的融合基础设施，其赋予传统基础设施建设新的内涵，保障新型电力系统建设，主要包括适应新能源发展的新型调度运行体系、源网荷储协调发展的智能电网、能源电力数字经济平台等。

《新型电力系统发展蓝皮书》提出，适应新能源发展的新型调度运行体系包括新一代调度运行技术支持系统、大电网仿真分析平台、新型有源配电网调度模式等，其推动提高新能源感知与网络通信能力，提高新能源功率与发电能力预测精度，推广长时间尺度新能源功率预测技术；源网荷储协调发展的智能电网提供电网资源共性服务能力，信息采集、感知、处理、应用等数据处理能力，网络安全保障能力，主要通过创新应用“云大物移智链边”等技术，实现源网荷储协调发展，推动各类能源互联互通、互济互动，支撑新能源发电、新型储能、多元化负荷大规模友好接入；能源电力数字经济平台强化完善新能源资源优化、碳中和支撑服务、新能源工业互联网、新型电力系统科技创新等功能，接入各类能源数据，汇聚能源全产业链信息，推进数字流与能源电力流深度融合，全方位支撑经济社会发展。

这些设施将为电力数据要素市场的全面发展提供支持，推动电力行业在数据要素市场的持续创新和进步。

4.3 电力数据要素市场发展的制度体系

随着信息技术的快速发展，数据资源已成为推动社会经济发展的重要驱动力。国家层面高度重视数据生态的建设与发展，积极制定相关政策和战略，出台了一系列制度措施，旨在加强数据资源的管理、保护和利用，推动数据资源开放共享，促进数据产业发展，助推电力数据要素市场的健康发展。

2022年10月，党的二十大报告提出“加快发展数字经济，促进数字经济和实体经济深度融合，打造具有国际竞争力的数字产业集群”的任务，这表明政府已将数据产业发展作为国家战略，未来必将加大对数据产业的支持力度，为数据要素流通提供良好的政策环境。2022年12月，“数据二十条”中提出“完善和规范数据流通规则，构建促进使用和流通、场内场外相结合的交易制度体系，规范引导场外交易，培育壮大场内交易”，明确了加强数据流通的重要性，为数据资源应用、流通和商业模式提供了制度保障。

数字中国整体战略，体现了国家对数字经济的重视。2023年2月，中共中央、国务院印发的《数字中国建设整体布局规划》指出“要全面赋能经济社会发展。做强做优做大数字经济。培育壮大数字经济核心产业，研究制定推动数字产业高质量发展的措施，打造具有国际竞争力的数字产业集群”，这意味着政府将继续深化对数字经济的支持，强化核心产业，为企业提供创新发展的空间。2023年8月，财政部发布《企业数据资源相关会计处理暂行规定（征求意见稿）》，拟规范企业数据资源相关会计处理，强化相关会计信息披露，发挥数据要素价值，服务数字经济发展和数字中国建设，明确了数据资产化方向，为数据市场相关规定和制度的建立开创了先河。

2023年年底，国家数据局等17部门联合印发《“数据要素×”三年行动计划（2024—2026年）》，提出实施“数据要素×”行动，就是要发挥我国超大规模市场、海量数据资源、丰富应用场景等多重优势，推动数据要素与劳动力、资本等要素协同，以数据流引领技术流、资金流、人才流、物资流，突破传统资源要素约束，提高全要素生产率。国家级战略及政策见表4-1。

表4-1　国家级战略及政策

政策名称	发布时间	主题相关内容
党的二十大报告	2022年10月	加快发展数字经济，促进数字经济和实体经济深度融合，打造具有国际竞争力的数字产业集群
“数据二十条”	2022年12月	完善和规范数据流通规则，构建促进使用和流通、场内场外相结合的交易制度体系，规范引导场外交易，培育壮大场内交易
数字中国建设整体布局规划	2023年2月	培育壮大数字经济核心产业，研究制定推动数字产业高质量发展的措施，打造具有国际竞争力的数字产业集群

续表

政策名称	发布时间	主题相关内容
企业数据资源相关会计处理暂行规定（征求意见稿）	2023年8月21日	为数据资产入表奠定了制度性基础
数据资产评估指导意见	2023年10月1日	规范数据资产评估执业行为
“数据要素×”三年行动计划（2024—2026年）	2023年12月31日	发挥数据要素的放大、叠加、倍增作用，构建以数据为关键要素的数字经济

发展数字经济是把握新一轮科技革命和产业变革新机遇的战略选择，实体经济高质量发展要求和数字经济深度渗透趋势相互融合，给国家实现高质量数字化转型带来了新的机遇和挑战。随着数据市场的成长与发展，各环节的规章制度标准等体系需要系统地建设与完善，本章节旨在梳理数据要素市场发展所需配套的制度体系，包括产权制度、会计认定制度、资产登记制度、定价制度、收益分配制度、市场监管制度，以及配套标准的建立，为数据要素市场健康发展保驾护航。

4.3.1 产权制度

确立数据资产的所有权和使用权归属是数据要素市场建立的基础，数据产权制度应明确数据资产的权益归属，规定数据生成、获取和加工过程中各方的权利和义务，解决数据资产归属和产权确认的问题，促进数据资产的合理流转和利用。

本小节通过分析数据确权存在的问题，提出数据产权制度的内容建议，以此作为数据资产入表、会计核算、数据交易的重要依据。

4.3.1.1 数据确权存在的问题

数据确权是实现数据安全有序流动和数据资产化不可或缺的重要前提。但是，由于数据资产的特殊属性，我国到目前为止还没有一部全国性的数据确权立法，业内也还未对数据资产的确权形成统一的看法。

随着数据交换、数据交易等市场行为的产生，数据显现出经济利益属性。这种财产权与民法上典型的财产权不同，是一种以私益结构为核心、多层限制为包裹的复杂法律秩序构造。从数据的生产机制看，算法在数据价值与数据权利的形成中处于核心地位，通过算法规制反向实现数据确权更符合实际。从制度经济学上看，数据权利形成于一组多个权利集合的“权利束”，包含了个人、集体、组织、国家等多元主体，以及人格权、财产权等多样权利。总之，在数据确权领域，从数据权、数据权利到数据产权，正经历权利范式、权利—权力范式和私权—经济范式的嬗变，形成了多维度、多视角的数据产权制度认知。

要进行数据资产评估量化首先需要解决的是数据权属问题，即明确谁对数据资源的持有、加工和使用等享有权益，数据相关收益归属于谁。解决数据权属不清问题的关键是构建清晰的数据产权制度。

4.3.1.2 数据产权制度的内容

数据资产确权的主体应以企业为主，从《中华人民共和国个人信息保护法》出发兼顾个人人格权利的要求，充分利用国家层面的公共数据形成统一的数据标准，同时要特别遵循《中华人民共和国数据安全法》的要求处理对外数据贸易业务，加强数据保护。

在数据权属的制度建设和数据处理方面，应强化个人人格权利属性的管理，重点从数据的财产权方面，通过数据的资产化、标准化、分类分级和数据产品封装去发展数字经济。而国家层面，需要从司法角度不断完善制度设计，明确产权归属，发挥法律制度的社会规范作用。

1. 数据确权基本原则

数据确权一般遵循以下几个基本原则：

（1）数据资产确权应建立在可行的分类体系之上。针对个人、企业和公共数据进行合理划分，并重点对企业数据的采集权、使用权、收益权、处分权进行合理分配，以有效促进数据资产化、保护数据主体权益并维护数据安全。

（2）数据的资产化过程就是价值形成过程。人类无意识的行为或客观物质本身产生的信息形成数据，搜集和处理信息的劳动形成价值，企业内部的业务数据化形成使用价值，外部的数据业务化形成交易价值。

（3）数据的所有权在法律和实践中是分离的。数据的所有权在法律逻辑上是绝对的、排他的、永续的，但在实践中则是分离的，占有权属于产生信息的微观个体，而使用权、收益权和处分权则属于收集和处理信息的主体。

2. 数据交易权利归属规则

数据交易权利归属规则见表4－2。

表4－2　　数据交易权利归属规则

<table>
<tr><th>数据类别</th><th colspan="2">交易方式</th><th>数据资源持有权</th><th>数据加工使用权</th><th>数据产品经营权</th></tr>
<tr><td rowspan="3">自有数据</td><td colspan="2">交易前</td><td>政府（或企业）、数据平台方</td><td>政府（或企业）、数据平台方</td><td>数据平台方、具有经营权资质的企业</td></tr>
<tr><td rowspan="2">交易后</td><td>多次交易数据使用权</td><td rowspan="2">政府（或企业）、数据平台方</td><td rowspan="2">政府（或企业）、数据平台方、数据需求方</td><td rowspan="2">数据平台方、具有经营权资质的企业</td></tr>
<tr><td>保留数据增值收益权</td></tr>
<tr><td>用户数字痕迹</td><td colspan="2">交易前</td><td>政府（或企业）、个人</td><td>政府（或企业）、数据平台方</td><td>数据平台方、具有经营权资质的企业</td></tr>
<tr><td rowspan="2">用户数字痕迹</td><td rowspan="2">交易后</td><td>多次交易数据使用权</td><td rowspan="2">政府（或企业）、个人</td><td rowspan="2">政府（或企业）、数据平台方、数据需求方</td><td rowspan="2">数据平台方、具有经营权资质的企业</td></tr>
<tr><td>保留数据增值收益权</td></tr>
<tr><td rowspan="4">衍生数据</td><td colspan="2">交易前</td><td>数据持有者</td><td>数据持有者</td><td>数据平台方、具有经营权资质的数据持有者</td></tr>
<tr><td rowspan="3">交易后</td><td>一次性交易所有权</td><td>数据需求方</td><td>数据需求方</td><td>具有经营权资质的数据需求方</td></tr>
<tr><td>多次交易数据使用权</td><td rowspan="2">数据持有者</td><td rowspan="2">数据持有者、数据需求方</td><td rowspan="2">数据平台方、具有经营权资质的数据持有者</td></tr>
<tr><td>保留数据增值收益权</td></tr>
</table>

4.3.2 会计认定制度

根据我国《企业会计准则》对资产的定义，依据《资产评估基本准则》的规定，在企业已经存在符合确认为资产条件的数据资源时，应当积极促使企业及时确认其为数据资产，建立数据资产会计认定制度能够准确评估和衡量数据资产的价值。该制度规定数据资产的会计核算方法和标准，确定数据资产的价值计量、折旧和摊销等规则，解决数据资产的估值和会计认定问题。

通过对数据资产的类型进行辨识和确认提出了软资产概念，并结合2023年8月出台的《企业数据资源相关会计处理暂行规定》（以下简称《暂行规定》）和2023年9月出台的《数据资产评估指导意见》（以下简称《评估意见》）进行数据资产的会计认定制度内容分析，为数据资产交易提供准确的信息和指导，为数据资产核算入表奠定会计核算制度和数据资产管理办法方面的基础。

4.3.2.1 数据资产的类型辨识和确认以及软资产概念的提出

当前以数据资产为代表的不具有实物形态的资产创造了大量的经济价值，这使得《企业会计准则》中“无形资产”核算科目难以完全覆盖这些新兴的非流动、非货币性资产，因此适时建立一个更宏观、更广的无形资产范畴显得十分必要。同时，为了尽可能地保证企业对资产概念的界定和会计处理上对资产认定的一致性，参考借鉴已有文献，引入软资产概念，作为广义无形资产概念的替代概念，以进一步明晰数据资产等新资产在企业资产类型中的归属。

基于《企业会计准则》软资产分类标准，目前企业的数据资产尚属于可辨认的表外软资产，为了提高数据资产价值相关性，基于会计核算的相关性和重要性原则，有必要推动数据资产成为表内软资产。

尽管数据资产与无形资产存在诸多特性差异，导致出现多种方向的讨论和意见分歧，但从美国国家会计准则的辅导文件来看，数据资产可以被界定为一种寿命无期限的新型无形资产进行会计处理。把数据资产权当无形资产进行会计处理，可以基于现有的无形资产核算方法进行特殊处理。

要实现数据资产的财务核算，首先要从数据资产的特性入手，根据财务资产的定义界定数据资产的分类和核算范围；然后结合具体经济事项实现数据资产的辨识和确认、成本估计和初始计量，再确定采用摊销还是折旧、定义数据资产的寿命和残值计算方法，资产减值、可变现净值、公允价值估值等后续处理方法，以及数据资产在出租、出售、盘点和报废等资产处置时的会计处理方法；最后确定数据资产在财务报表中的类型、是单独列表还是融入现有财务报表，列报的科目和类型，资产负债日如何处理和披露等。

从财务报表体系来看，一方面，资产按照流动性原则被划分为流动资产与非流动资产。流动资产是指变现期在一年或长于一年的一个营业周期内的资产，不符合流动资产概念的皆为非流动资产。把数据资产划归为非流动资产，原因在于各类软资产通常能够在较长时间内为企业经营和决策带来经济价值，软资产的积累往往也需要较长的时间，说明其变现期应长于一年或一个营业周期以上。另一方面，资产按照货币性原则被划分为货币性资产与非货币性资产。根据对软资产的界定可以看出，软资产属于非货币性资产。基于此，对软资产在资产类型中的归属可以进行清晰的界定，数据资产分类参考如图4-12所示。

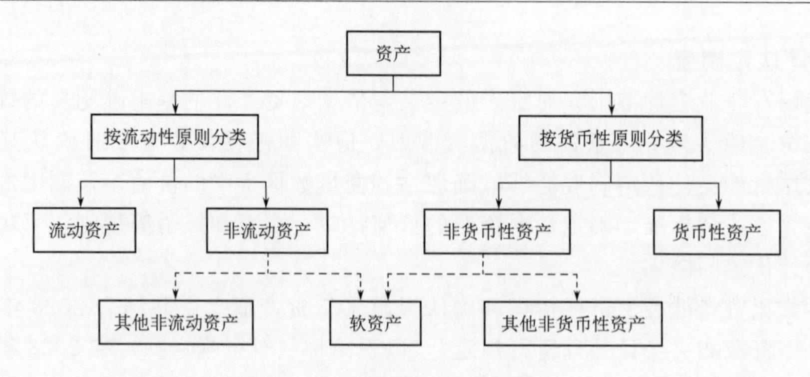

图4-12 数据资产分类参考图

最新的《暂行规定》并未对数据资源给出明确的定义，参考2023年1月大数据技术标准推进委员会发布的《数据资产管理实践白皮书（6.0版）》从数据价值性视角对数据资产做的定义和2023年5月中国人民银行指导的金融科技产业联盟发布的团体标准《金融数据资源目录编制指南》（T/BFIA 020—2023）规定，认识到并非所有的数据都构成数据资源或数据资产，数据在满足组织特定目的并以资源看待则构成数据资源，数据资源在满足资产可确权、可计量且预期带来效益的前提下，可以作为数据资产来看待，并且在符合企业会计准则判定条件的基础上作为无形资产或存货入表。

《暂行规定》和《评估意见》对“软资产”的概念并未明确，但其核心宗旨包括基本遵循、评估对象、操作要求、评估方法乃至披露要求，都是围绕上述软资产的划分而进行，从而使得软资产的分析能够显著地丰富和完善会计认定制度的内容和清晰程度。

4.3.2.2 数据资产的会计认定制度内容

基于国际会计准则理事会（International Accounting Standards Board，IASB）于2018年修订的《财务报告概念框架》（以下简称概念框架），规定的数据资产会计认定，数据资产的会计认定制度应该包含是否由财务会计来记录和报告、何时记录以及如何计量、记录和报告数据资产等内容。同时，根据《评估意见》，对会计认定制度的对象、操作要求、评估方法都做了明晰的规定。

1. 评估对象认定

与数据资产有关的交易或事项应由财务会计来记录和报告。根据IASB概念框架中的会计认定标准，在满足成本约束的条件下，如果数据资产的确认能够向财务报表使用者提供有用的信息，即信息相关且如实反映经济现象，则应认定该项数据资产。根据IASB概念框架中资产的定义可知，数据资产关注于一项有潜力产生经济利益的权利是否存在，即数据资产的“存在不确定性”。当数据资源可以产生利益但经济利益流入（包括金额、时点）的可能性较低时，即“结果不确定性”，数据资产确认就不能提供相关信息，还须权衡相关性和如实反映。除非数据资产计量的估计过程涉及的不确定性程度很高，即“计量不确定性”，不能如实反映该项资源及其经济利益，否则，应当确认该项数据资产。

《评估意见》第十二条规定，执行数据资产评估业务，可以通过委托人、相关当事人等提供或者自主收集等方式，了解和关注被评估数据资产的基本情况，如数据资产的信息属性、法律属性、价值属性等。信息属性主要包括数据名称、数据结构、数据字典、数据规模、数据周期、产生频率及存储方式等。法律属性主要包括授权主体信息、产权持有人信息，以及权利路径、权利类型、权利范围、权利期限、权利限制等权利信息。价值属性主要包括数据覆盖地域、数据所属行业、数据成本信息、数据应用场景、数据质量、数据稀缺性及可替代性等。

评估对象确认后，《评估意见》第十五条规定了操作要求，即执行数据资产评估业务，应当明确资产评估业务基本事项，履行适当的资产评估程序。

2. 何时记录数据资产

根据全球移动通信系统协会（Global System for Mobile Communications Association，GSMA）数据价值链框架，进入分析阶段后数据开始发展成为具有商业价值的数据资产。该数据资产即可由控制主体将其确认为数据资产，进入会计核算系统，进行初始记录。企业结合数据资产（包括交换阶段的数据产品）的业务特点以及风险管理要求，对数据资产进行初始确认、终止确认。

3. 如何计量、记录和报告数据资产

由于数据创造商业价值，并且依赖于具体的业务场景，且数据只有基于商业实践的算法、模型聚合时才能创造价值。因此，需要研究不同业务模式下数据创造价值和贡献现金流量的方式，以选择数据资产计量属性，对数据资产进行计量。不同业务模式还对数据资产的记录和报告产生重要的影响，如确定计量单元、资产列报与披露的分类等。

《评估意见》第五章对评估方法进行了总结并提供了评估依据，附录中给出了基于质量要素的指标体系设计示例和评估方法相关模型示例，对完善会计认定制度的相关细节具有指导性的作用。

4. 加强数据资产的信息披露

加强数据资产的财务列报与相关信息披露，改进数据资产报告的信息传递。重视对数据资产会计认定与计量决策产生影响的不确定性因素的披露，尤其是要注意数据资产计量上存在较高的不确定性。例如：在不同的业务场景或面临不同问题时，使数据价值大相径庭；数据价值可能随时间变化，既有强时效性数据的价值因折旧而下降，也有已有数据因新机会和新技术产生新的价值。

《评估意见》第二十七条特意提出单独出具数据资产的资产评估报告，说明有关评估方法，进一步形成了会计认定制度的完整性。

4.3.3 资产登记制度

数据是互联网时代的新型生产要素，在经济社会发展中的战略价值日益凸显。与传统生产要素相比，数据要素存在确权难、定价难、入场难、互信难、监管难等“五难”问题，而数据资产登记是解决数据要素流通“五难”问题的重要基础。建立数据资产登记制度有助于清晰记录和管理数据资产的基本信息。该制度包括数据资产的标识、描述、分类、评估等内容，确保数据资产的可追溯性和可管理性，解决数据资产管理和流通中的信息不对称问题。

本小节先对数据资产登记进行定义，然后指出目前存在的问题，最后提出数据资产登记制度应包含的内容。

4.3.3.1 数据资产登记的定义

数据资产登记是指对数据要素、数据产品的事物及其物权进行登记的行为。具体而言，是指经登记者申请，数据资产登记机构依据法定的程序，将有关申请人的数据资产的物权及其事项、流通交易记录记载于数据资产登记系统中，取得数据资产登记证书，并供他人查阅的行为。数据资产登记的主体（登记者）是各类经济主体、组织和个人，一般是数据资源物权的权利人、利益相关人或持有人。登记对象是登记者持有和控制的、经过一定审核程序以后可以认定的资源性数据资产和经营性数据资产。登记机构根据登记者的申请登记内容，依据法定的程序对申请进行实质性审查，最终实现向权利人以外的人公示数据资产的内容及其权利状态和其他事项。一个有效的数据资产登记体系建设需要遵守“七统一”的原则，即统一登记依据、统一登记机构、统一登记载体（平台系统）、统一登记程序、统一审查规则、统一登记证书、统一登记效力。

4.3.3.2 数据资产登记存在的问题

目前在实践中，对于数据资产登记的概念和内涵、数据资产登记的意义和价值仍认识不清，相关制度建设几近空白，数据资产登记的系统平台分散且功能弱少，标准缺失，数据资产登记的定位亦不明确，尚未建立数据资产登记制度体系，参与数据资产登记的积极性不高，参与登记的企业和机构数量不多。

随着我国要素市场化配置综合改革进程不断推进，迫切需要通过制定数据资产登记法解决上述问题。数据资产登记法的立法重点应包括：①明确立法的定位和目标；②规范数据资产登记证书；③明确数据资产登记程序；④规范数据资产的流通与保护；⑤制定完整的技术规则和标准体系。

4.3.3.3 数据资产登记制度的内容

数据资产登记是指登记机构对数据产品和服务进行合规性审核，并将其权益归属和其他事项记载于数据资产登记凭证的行为；数据产品和服务，是指经过加工处理后可计量的、具有经济社会价值的数据集、数据服务接口、数据指标、数据报告、数据模型算法、数据应用等可流通标的物；登记机构是经政务服务数据管理局授权开展数据资产登记的政府有关部门或者其他机构；登记主体是申请数据资产登记的特定主体及其委托的相关机构。数据资产登记制度通常包括以下内容：

（1）数据分类和标准化。将数据按照一定的分类标准进行分组，以便更好地进行管理和维护。

（2）数据来源和采集。明确数据来源，包括外部采集和内部采集两种方式，以便更好地监控和控制数据的质量。

（3）数据质量管理。通过数据清洗、去重、格式化等技术手段，保证数据的准确性、完整性和一致性。

（4）数据安全保障。制定相应的安全措施和技术手段，确保数据的机密性、完整性和可用性。

（5）数据可追溯性和可追索性。建立数据检索和溯源机制，确保数据的来源和使用情况可追溯和可控制。

（6）规则互认。政务服务数据管理局应当推动建立跨区域跨省资产登记规则互认机制，探索资产登记结果互认机制。

总体而言，数据资产登记制度是提高数据管理水平和保障数据安全的关键制度之一。

4.3.4 定价制度

数据资产如何定价是数据价值体现和数据流通的基础。通过国内外研究与实践进行综合梳理，目前数据资源定价的方法主要为成本法、收益法、市场法，面向对象包括能源、互联网等企业的数据产品服务，针对数据资源定价问题的研究大多未考虑数据安全风险和应用场景因素。数据资源应用成本及定价测算不仅与数据周期成本、市场需求相关，还与数据风险和应用场景息息相关。基于数据全生命周期流程、数据资源类别和价格生成机制构建数据资产成本核定模型和定价测算模型，从而进行的数据资源价格体系设计，为完善数据交易制度规范制度体系提供了依据。

4.3.4.1 成本核定模型

成本核定模型基于数据全生命周期流程，整体包括数据采集、数据处理、数据分析以及数据应用四方面，具体包括数据采集、数据预处理、数据产品研发、数据统计和分析、数据市场营销、风险控制各环节成本相关费用等在内的多个因素，并通过对这些因素的分析和量化来确定数据处理的总成本。

4.3.4.2 定价测算模型

数据定价是数据价值显现的重要工具，通过定价可以将数据的价值显性化，实现数据要素流通的盈利目标。在成本核定的基础上设计数据资源综合价格时，要将核算的数据成本、核算的产品价值、产品价值的调整系数、数据资产产品价格的调整系数等纳入考虑。

4.3.4.3 数据资源价格体系设计及制度内容

梳理数据资源类别、建立价值评估流程机制、研究价格生成机制、建立数据资源定价模型、构建动态定价策略五个方面，形成数据资源价格体系，实现数据要素流通的盈利目标，保障数据要素流通的有序化、规范化，同时也为数据资产定价制度的制定提供了依据。数据要素定价流程如图 4-13 所示。

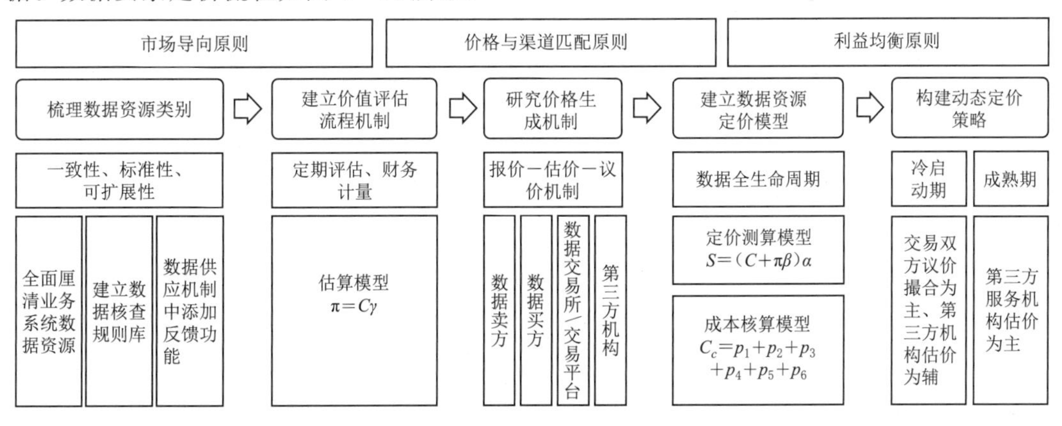

图 4-13 数据要素定价流程图

1. 梳理数据资源类别

梳理数据资源类别，一是全面厘清业务系统数据资源，编制完整清晰的数据资源手册，构建数据全景视图；二是建立数据核查规则库，开展数据核查，大力提升数据质量；三是在数据供应机制中添加反馈功能，使得数据收集者可以及时将数据出售情况反馈给数据拥有者，使数据供应和消费能够得到有效地协调与平衡。

2. 建立价值评估流程机制

建立数据资产价值评估的流程、机制和管控规则。整体机制分为定期评估、财务计量两个环节。定期评估是指选择评估主体和评估对象，明确相关职责，设定评估标准和周期频率，制定贯彻评估申请、评估审批、正式评估的评估流程。财务计量是指在正式评估后，将评估的价值进行收益转换。

3. 研究价格生成机制

从价格形成原理出发，探索涵盖数据卖方、数据买方、数据交易所/交易平台、第三方机构等四类主体的数据资源价格形成机制，构建多方市场主体共同参与的数据产品价格生成机制，即实现数据交易市场“报价－估价－议价”相结合的数据交易价格生成路径，充分发挥数据要素市场各参与主体的作用，有效解决数据价值难以度量、数据价格共识难以达成的问题，促进形成合理的数据要素市场价格体系。

4. 建立数据资源定价模型

（1）明确定价原则。根据数据资源具有体量大、实时性高、时效性强和社会价值高等特征，明确定价应当遵循多次性、组合性及多样性的原则。

（2）梳理成本构成。数据资源的总成本是指数据产品或服务的形成过程中，数据采集、数据产品的设计、研发、运营等各阶段产生的成本总和。其中，数据产品研发成本又包括数据预处理成本、数据产品研发成本以及数据统计和分析的成本。

（3）确定定价模型。构建数据资源定价测算模型，具体包括自身成本、产品使用场景相关，还与使用者相关。

5. 构建动态定价策略

借鉴“冷启动期－成熟期”分步走的数据产品动态定价策略，即在数据要素市场培育的初期，以交易双方议价撮合为主、第三方机构估价为辅，随着数据要素市场的发展与成熟，逐步向科学、公允的定价模式过渡，实现数据资源产品标准化定价。

4.3.5 收益分配制度

数据要素市场化的重要意义是使数据充分发挥作为新型生产要素的作用，直接参与生产经营中的价值创造，从而产生一定的收益。而数据要素产生的收益如何进行分配则是数据要素市场化需要解决的另一重要问题。

建立数据资产交易利益分配制度，确立数据资产交易的利益分配机制，是数据要素市场的重要环节。该制度应规定数据交易各方的权益分配原则和具体方式，确保数据交易的公平、公正和可持续发展，解决数据交易中的利益分配和风险共担问题。《中共中央、国务院关于构建数据基础制度更好发挥数据要素作用的意见》（简称“数据二十条”）第十二条与十三条分别指出健全数据要素由市场评价贡献、按贡献决定报酬机制、更好发挥政府在数据要素收益分配中的引导调节作用，指明了数据要素收益分配的根本路径，即区分初次分配与再分配，初次分配关注数据价值和使用价值的创造者，再分配关注公共利益和相对弱势群体。此种分配方式充分体现了党的二十大报告中关于分配方式的重大部署，即“坚持按劳分配为主体、多种分配方式并存，构建初次分配、再分配、第三次分配协调配套的制度体系”。

4.3.5.1 初次分配

数据要素收益初次分配关注数据价值和使用价值的创造者，以“谁投入、谁贡献、谁受益”为基本原则，以三权分置为基础区别收益分配主体并通过意思自治具体确定主体间的收益分配。

1. 基本原则

“按劳分配”是社会主义的分配原则，与此相适应，“数据二十条”第十二条指出了数据要素收益“谁投入、谁贡献、谁受益”的基本原则。

在此基本原则下健全和完善数据要素按贡献参与分配的体制机制，是构建数据要素市场发展的制度体系中极其重要而关键的一环，具有重要的理论意义和实践意义。就理论意义而言，有利于充分发挥市场在数据资源配置中的决定性作用，有利于完善生产要素按贡献参与分配的制度、让全体人民更好共享数字经济发展成果、推进共同富裕，有利于坚持“两个毫不动摇”、确保各类数据产权主体公平竞争、共同发展；就实践意义而言，有利于确保数据要素市场中各主体的投入均有相应回报，有利于维护各方当事人合理利益预期、激励各主体积极参与数据要素的生产和流通，有利于真正释放数字要素红利、实现数字要素收益的最大化与分配的最优化、激活数据要素价值释放。

2. 具体规则

“数据二十条”明确指出“分别界定数据生产、流通、使用过程中各参与方享有的合法权利，建立数据资源持有权、数据加工使用权、数据产品经营权等分置的产权运行机制”。三权分置不仅是数据产权登记的基础，也应是区别数据要素收益分配主体的基础。

数据资源持有方基于授权等合法途径持有或者控制的原始数据，应对该部分数据享有收益的权利。在司法实践中，法院也均对企业数据的成本投入予以充分认可。如我国法院在审理围绕大众点评网的系列不正当竞争纠纷时指出，收集网站点评信息需要付出人力、财力、物力等大量经营成本，由此产生受法律保护的利益。

数据加工使用方在对原始数据进行分析、加工等的处理活动中投入了实质性劳动，凭借自己的知识、技术能力为数据要素生产作出了贡献，这种劳动贡献通过与平台企业签订的相关合同得到确认和保障，理所应当地享有数据要素的部分收益分配。

数据产品经营方对数据产品的交易的撮合等投入了实质性的贡献，按照“谁投入、谁贡献、谁受益”的基本原则，也应享有数据要素收益分配的相关权益。若存在数据信托等更为复杂的法律关系，则收益分配模式也更为复杂。如在数据信托模式下，数据使用者完成对数据的利用开发，数据受托者收取服务费用，而数据权利人获得由其贡献决定的价值分配，实现互利共赢。

在坚持“谁投入、谁贡献、谁受益”的数据要素收益分配基本原则的基础上，以三权分置为基础区别收益分配主体后，最终不同主体间的具体收益分配比例应遵循民商法基本原则，并尊重市场规律，通过不同主体间的意思自治来确认。

4.3.5.2 再分配

与初次分配有所不同，再分配更加关注数据要素收益共享的普适性，关注公共利益和相对弱势群体。“数据二十条”第十三条指明了促进公平的再分配路径，具体包括建立公共数据资源开放收益合理分享机制、通过数字税等宏观调控手段促进分配公平、提高社会整体数字素养以消除数字鸿沟等方面。

1. 建立公共数据资源开放收益合理分享机制

巨大的公共数据资源中蕴含着极大的利益，建立公共数据资源开放收益合理分享机制是一项重要的数据资源收益再分配手段，有利于充分发挥公共数据的价值，促进社会公平。

“数据二十条”第四条中提出：“推进实施公共数据确权授权机制，鼓励公共数据在保护个人隐私和确保公共安全的前提下，按照‘原始数据不出域、数据可用不可见’的要求向社会提供。”但是，目前公共数据的授权与开放整体水平与“数据二十条”中提出的要求仍有所差距，仍需进一步增强。建议各地区积极运用“城市大脑”等平台，统一汇集公共数据，并对公共数据的授权与开放制定统一机制与政策，对不承载个人信息和不影响公共安全的公共数据，基于具体业务场景，按用途加大供给使用范围；推动用于公共治理、公益事业的公共数据有条件无偿使用，探索用于产业发展、行业发展的公共数据有条件有偿使用。

2. 通过数字税等宏观调控手段促进分配公平

数字税作为重要的宏观调控手段，对于数据要素市场化以及健全数据要素收益分配制度具有深刻的理论逻辑与实践逻辑。就理论逻辑而言，数据作为新型生产要素，数据资源的开发利用、数据产品的市场化交易流通、数据收益的分配调节是开征数字税的逻辑起点，数字税在本质上是国家代表所有数据来源者向大规模采集、使用数据的主体收取的数据资源使用费用，这与传统税种在本质上是一致的；就实践逻辑而言，数字税具备传统税种共有的优势，有利于促进数字经济与实体经济之间、发达地区与欠发达地区之间的税负公平，有利于调节数字经济领域收入再分配，引导调节数据收益分配向收入来源地和数据提供者倾斜。

在数字税的具体施行过程中，应特别注重数字税的平衡与调节作用，对于在数字经济发展过程中自主创新研发的企业在财税政策中提供必要支持。同时，应当兼顾确定性与动态性，一方面应根据数字经济的发展适时进行优化调整，另一方面也应避免不确定性加剧市场扭曲。

3. 提高社会整体数字素养以消除数字鸿沟

数字鸿沟指在全球数字化进程中，不同国家、地区、行业、企业、社区之间，由于对信息、网络技术的拥有程度、应用程度以及创新能力的差别而造成的信息落差及贫富进一步两极分化的趋势。

为着力消除不同区域间、人群间数字鸿沟，应统筹使用多渠道资金资源，开展数据知识普及和教育培训，提高社会整体数字素养，增进社会公平、保障民生福祉、促进共同富裕。这属于间接的平衡数据要素收益分配的方式，通过社会资源的分配，以提高弱势群体获得数据要素收益分配的能力。

4.3.6 市场监管制度

“数据二十条”明确提出要建立数据要素流通全流程合规与监管体系。数据要素要实现安全高效流通，需要通过一系列规则设计和技术手段，建立起数据要素流通全流程合规与监管体系。借鉴欧美及国内经验，首先厘清数据交易运营流程步骤，然后从“事前审查→事中监控→事后审计”的视角，对国内外现有数据要素市场监管的制度与政策、理论与技术两个方面进行梳理总结，最后提出管理与技术相互协同的数据要素流通监管体系及实现路径，对数据要素市场进行系统化全方位的监管。

4.3.6.1 数据交易运营流程步骤

数据要素流通全链路安全风险应对策略框架如图 4-14 所示，从数据要素流通使用全过程视角，针对事前、事中、事后三个不同阶段分别制定事前审查体系、事中监控体系和事后审计体系，规范数据安全有序流通。

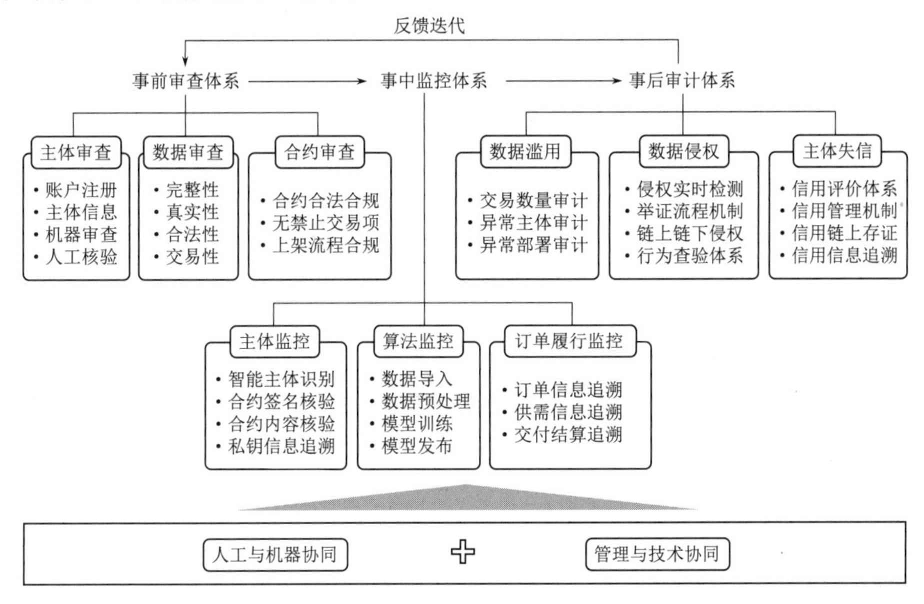

图 4-14 数据要素流通全链路安全风险应对策略框架图

4.3.6.2 市场监管的制度与政策

1. 事前审查

事前审查是数据要素流通使用安全风险管控的前提，主要是指市场或市场管理者在交易前对数据交易市场的参与者和数据产品依照相关的法律法规进行审查，实现数据“上市有审核，采买有资质”。

2. 事中监控

事中监控是数据要素流通使用安全风险管控的基础，目的是对数据使用的用途、用量加以控制，约束交易主体行为，监督交易订单合规履行。

3. 事后审计

事后审计是数据要素流通使用安全风险管控的关键，目的是解决交易后的争议问题。“数据二十条”中就数据要素市场的信用体系，提出需要配套建设交易仲裁机制，对数据交易主体的信用进行管理和评价，在数据要素市场形成诚信、互信、可信的交易生态。

4.3.6.3 市场监管的理论与技术

从理论与技术视角看待数据要素市场监管，就是技术手段问题。

1. 事前审查

在参与者资格审核方面，通常使用身份认证与控制技术保障交易主体的资质安全，确保数据供应方和需求方提供的身份信息真实可靠。传统的身份认证主要有基于标记识别的身份认证、基于生物特征的身份认证和基于密钥的身份认证等方式，但均存在着密码泄露或伪造生物特征等风险。近年来，区块链技术开始应用于身份认证领域，区块链具有去中心化、不可篡改的优势，可为主体资质安全提供技术支撑。

在审核数据要素的合法性、合规性、真实性上，去标识化技术、敏感数据探测技术、完整性技术为数据产品的安全准入提供了技术保障。去标识化技术通过对原始数据进行去标识化处理，降低数据集中的信息与信息主体的关联程度，主要包括数据统计技术、抑制技术、匿名化技术、假名化技术、泛化技术、随机化技术等，不同的去标识化技术具有不同的特点，数据供应方可以根据不同交易数据的特点、保密级别，选择合适的数据去标识化技术，从而确保数据产品可以进入数据要素市场。

2. 事中监控

区块链技术和隐私计算技术体系是保障数据流通使用过程中计算环境安全、算法安全及隐私保护的有力手段，也是监控交易撮合可信的可行技术。

在保障计算环境安全方面，可信执行环境（Trusted Execution Environment，TEE）可将敏感计算与其他进程（包括操作系统、基本输入输出系统和虚拟机监视器）隔离开来，通过芯片等硬件技术与上层软件协同对数据进行保护，同时保留与系统运行环境之间的算力共享，主要代表性产品有英特尔公司的 SGX、ARM 的 ARM TrustZone 等。

在算法安全及隐私保护方面，最前沿技术五花八门。区块链可以采用同态加密、零知识证明等技术对隐私数据进行加密以达到保护隐私数据的目的；基于区块链的共享交易信息访问控制和管理模型，通过共识机制，实现共享数据链的访问控制和可追溯性管理；基于移动边缘计算的联邦学习框架（Federated Learning Scheme in Mobile Edge Computing，FedMEC），将模型划分技术和差分隐私技术集成在一起，防止局部模型参数的隐私泄露；由监管体系、核心技术和模式创新三部分组成的保障平台数据与算法安全的技术生态体系架构等。

3. 事后审计

事后审计主要包括交易信用审计和交易安全审计。交易信用审计主要对是否存在侵权和违规行为进行认定、追责，并建立一套有效的信用评价机制。可利用区块链可溯源、抗抵赖等技术特性，提出参与者向智能合约支付一定数量的押金作为对潜在违约者的惩罚和对被违约者的补偿。在规定期限后，由智能合约根据合约履行情况执行交易结算，并根据参与者本次的表现自动刷新其信用评分；利用边合约机制，建立了一种基于区块链技术的交易纠纷仲裁机制，不仅可以解决交易双方的合同争议问题，还能验证、追溯交易数据的完整性和价值。

区块链技术的应用不仅能保障每笔交易的记录安全，还为交易安全审计提供了便利。例如，设计一个基于区块链的云数据审计方案，提出了一个分散的审计框架消除对第三方审计者的依赖，在保障数据审计稳定性、安全性和可追溯性的同时，还能更好地协助用户验证云数据的完整性。数据要素交易安全风险及应对策略如图 4-15 所示，其简要汇总了国内外数据要素流通交易使用安全监管风险及主要应对策略。

应对策略	交易申请	交易撮合	交易实施	交易结束
政策、制度	交易主体资质审核、数据产品合规性审查	交易合同审核	交易环境安全风险评估、算法安全风险评估、交易服务管理制度	登记结算、争议仲裁
理论、技术	身份认证技术、数据去标识化技术、敏感数据探测技术、数据完整性技术	区块链智能合约、分布式交易机制	P2P网络技术、区块链、智能合约、安全多方计算、差分隐私、可信执行环境、联邦学习	分布式交易机制、云数据审计、边合同机制

图 4-15 数据要素交易安全风险及应对策略图

4.3.6.4 管理与技术相互协同的数据要素流通监管体系及实现路径

应对数据流通使用安全风险，构建全流程合规可信体系，三分靠技术，七分靠管理。管理以制度法规为基础，以流程、反馈、监督为保障，以人为核心；技术是高效落实制度法规的手段，是实现有效管理的支持系统或工具，技术的有效发挥依赖管理规章制度的完备。

图 4-14 展示了事前、事中、事后数据要素流通全链路安全风险应对策略框架，从数据要素流通使用全过程视角，针对事前、事中、事后三个不同阶段，分别制定事前审查体系、事中监控体系和事后审计体系，规范数据安全有序流通使用。

事前审查的目的是期望在交易申请阶段能够确保参与交易的主体可信、数据可信、合约可信等。交易主体审查旨在审查数据流通使用主体资质的安全风险和合规性，构建交易主体账户注册登记流程，设计面向账户登记信息真实性的机器审核与人工复核配套验证方案，保证交易平台、流通交易过程中的经手方以及机构或个人等市场主体信息可追溯，实现交易主体可信。交易数据和算法审查即检验采集存储的数据要素安全风险，包括数据完整性、真实性、可交易性，数据获取渠道的合法性，以及数据是否对个人信息进行去标识化处理，保障数据的可交易以及合法合规。交易合约审查目的在于审查数据要素的使用场景、数据质量、数据价值、可定价要求和数据更新能力，需要面向不同应用场景制定禁止交易数据目录，建立数据产品上架交易标准规范，构建规范化的交易合约上架流程和合规审查流程，实现交易合约可信。

事中监控的目的是保障数据要素流通交易在磋商阶段和实施阶段安全可信，包括交易主体监控管理、合约磋商监控管理、算法行为监控管理和订单履行监控管理。交易主体监控管理聚焦交易主体识别管理，通过设计基于智能识别技术的交易主体身份与合约核验机制，确保合约双方的签名信息、合约内容的哈希值信息、私钥管理信息等合约信息的可追溯，实现数据使用者可控。合约磋商监控管理基于公平交易原则、供需匹配效率最大化原则，通过设计具有隐私保护的自动匹配技术和智能合约技术，保障交易双方的合约符合市场预期和国家相关政策法规。算法行为监控管理通过构建模型算法评估体系，设计算法行为监控方案，确保数据导入、数据预处理、模型训练、结果发布等流程规范可信、使用过程可追溯、资源消耗可度量，实现数据用途、用量与合约一致，保障数据加工使用安全风险可控。订单履行监控管理建立数据传输接口备案制度，动态监控交易主体履约行为，包括感知监控数据流转、验证数据完整性和一致性、资金流审核，保证订单完全履行，实现对订单信息、供需方及交易平台信息、交付结算信息等履约过程产生的数据信息的可追溯。

事后审计旨在防止数据在交易结束后可能面临的安全风险，主要集中在防止数据滥用、防止数据侵权和防止主体失信三个方面。在防止数据滥用方面，设计基于数据链上存储信息的交易审计机制，以交易结束后链上存储的合约信息和交易信息为基础，构建智能交易审计核验指标测算体系，设计链上资源滥用情况的监控和识别方案。制定数据销毁审查机制，杜绝数据产品倒卖风险，保证交易数量、异常交易用户、异常合约部署、数据销毁过程等审计信息可追溯。在防止数据侵权方面，制定数据交易侵权行为的举证流程机制，基于数据侵权行为链上链下线索搜寻，构建数据侵权的链上链下查验体系，保证对侵权行为信息来源的可追溯。在防止主体失信方面，建立数据交易结束后链上存储信息的信用管理机制，构建基于数据市场主体的信用评价指标体系，设计市场主体交易行为信用评价的链上存证方案，保证对数据供方、数据需方、交易平台等数据市场主体信用等级信息的可追溯。

支持数据要素安全有序流通使用需要构建一个全流程合规可信体系，其建设过程是一个复杂的系统工程，实现路径有赖于管理制度与技术支撑的相互保障和综合作用。数据要素流通监管体系及实现路径如图 4-16 所示，图中展示了管理与技术相互协同的数据要素流通使用合规可信监管体系及实现路径，其中：①表示交易申请阶段参与主体注册及对应的管理机制、技术支撑；②表示交易撮合阶段；③表示交易实施阶段；④表示交易结束阶段及各自对应的管理机制和技术支撑。

管理制度与技术支撑相互协同的数据要素流通使用全流程合规可信体系，包括合规可信制度体系、合规可信技术体系及管理制度与支撑技术协同方案。数据要素可信流通使用制度体系包括事前审查制度、事中监控制度、事后审计制度等。技术体系包括数据交易系统技术、区块链系统技术、跨隐私平台的联邦学习系统技术及可信执行环境技术等。图 4-16 中标记的①～④展示了数据要素流通使用不同阶段的管理制度和技术支撑的协同方案，对数据要素交易市场全流程进行无死角监管，对各种风险进行有效管控。

4.3.7 配套标准的建立

为了更好地建立数据要素市场监管制度体系，除了已经提议或已经建立的标准外，建议建立以下 7 个标准。

4.3.7.1 数据精准确权应用标准（数据确权）

基于数据权利关系理论，确定数据确权的流程和标准。企业针对具体业务场景中的数据活动，通过权利主体识别、权利关系界定、法律关系认定三个步骤，界定企业数据权属。根据业务流程，针对数据权能清单，建立和完善数据合法合规性评估（分类分级细化清单），形成企业数据业务审核标准。

4.3.7.2 数据流通准入标准（数据准入前的审核）

为企业安全地获取和利用外部数据，实现数据流通和数据业务规范化发展，建立数据

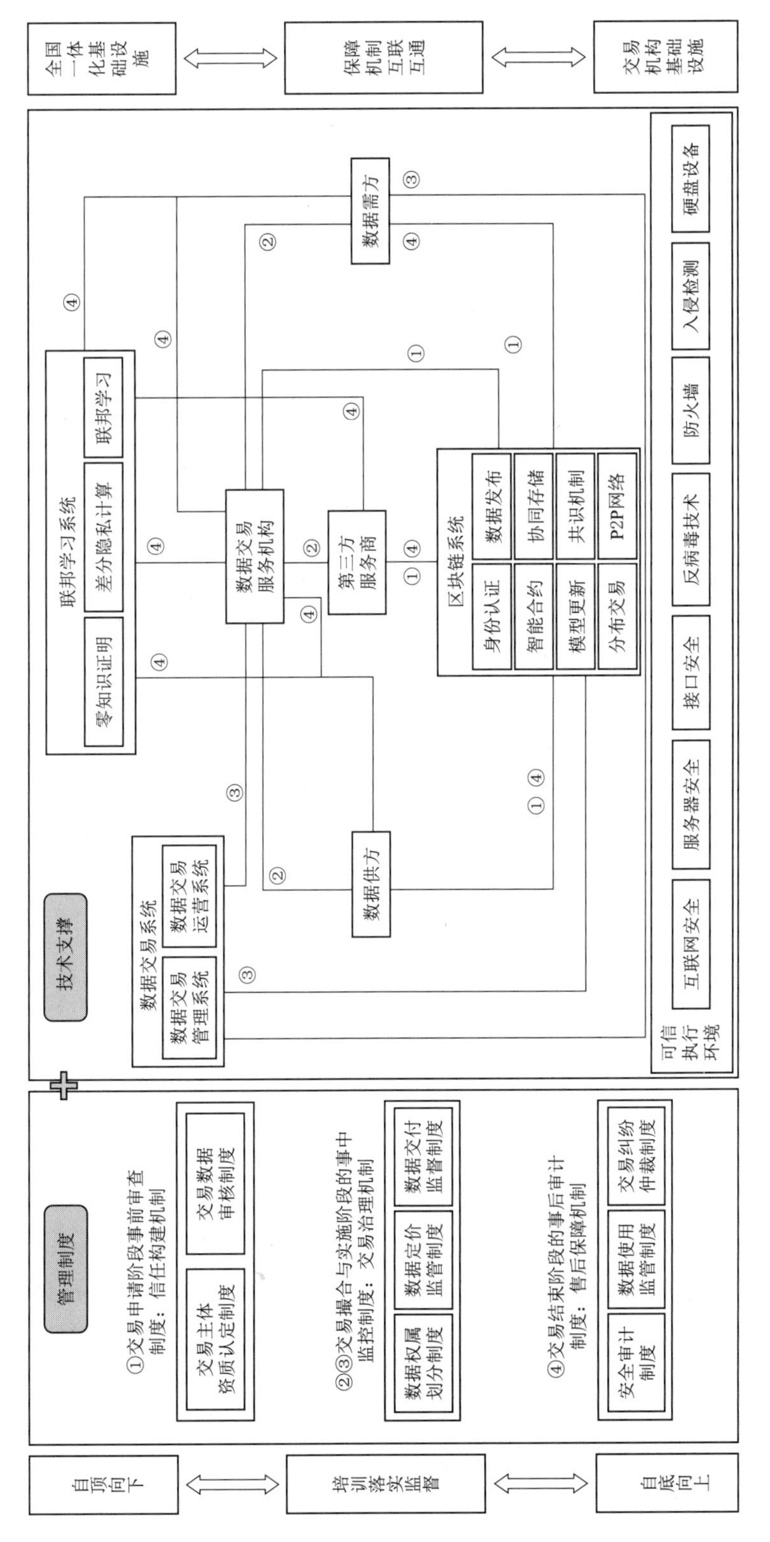

图 4－16 数据要素流通监管体系及实现路径图

流通准入标准，明确可流通数据的技术要求、质量评价、风险评估规范，完善数据产品的合规审查和审计办法，确保流通数据来源合法、交易主体资质明晰。针对整个流通链条完善数据质量、数据安全和数据共享的专项规范。

4.3.7.3　数据应用技术架构标准（规范数据应用及交易流程）

为解决数据业务中产品开发能力不足、缺乏技术标准对本地推广带来极大的障碍等问题，提升数据产品的标准化和产品实力。在企业架构的基础上，统一数据应用的技术架构标准，从项目立项、制度、技术、数据、交易、运营服务等方面设立标准。

4.3.7.4　数据资产估值标准和数据资产定价标准（资产估值和定价）

当前经济背景下，数据资源的获取对于企业更系统地掌握自身发展情况或制定未来战略至关重要。对数据的价值进行评价可以有效帮助组织对数据资产进行观察和管理。在解决数据安全和成本问题的情况下，数据价值评价可以帮助组织发现数据的潜在价值。因此，为了能够帮助各行业、组织合理评价数据资产的价值，需要构建适用于各行业、组织的数据资产价值评价体系，包括数据资产估值标准、数据资产定价标准。

4.3.7.5　资产财务核算入表标准（数据资产核算入表）

为规范国网系统的会计认定、计量和报告行为，保证会计信息质量，根据《中华人民共和国会计法》《企业财务通则》（财政部令第 41 号）、《企业会计准则基本准则》（财政部令第 33 号）、《企业会计准则-应用指南》及其他相关法律、行政法规、政策及规定，制定资产财务核算入表标准。本标准与会计凭证、登记会计账簿、管理会计档案等会计基础工作，和《会计档案管理办法》（财政部、国家档案局令第 79 号）等相关规定兼容。

4.3.7.6　数据资产化及数据资产管理标准（补充数据资产管理办法）

为进一步发展数字经济，推行数据资产的法律确权、数据资产定价、数据资产财务核算和入表工作，依据国家有关法律法规，参照无形资产的管理办法，制定数据资产化及数据资产管理标准，使数据资产化及数据资产管理有所遵循。

4.3.7.7　数据资产化及数据资产管理标准（补充数据资产管理办法）

基于国家、国家电网有限公司双碳战略，联合碳资产与能源专业委员会，推动数据标准体系之分支碳排放子体系研究构建，因为数据资产入表之后，碳资产入表形成财务五张表势在必行。至少，在设计数据要素市场发展的制度体系时，给碳资产入表预留位置并予以充分的考虑。

4.4　电力数据要素市场发展的生态体系

电力数据要素市场体系是指在电力行业中，以电力数据要素为交易对象的市场体系。电力数据要素是指与电力生产、传输、配送、消费等相关的数据要素，包括但不限于电力用量、电力负荷、电力价格、电力市场交易信息等。

电力数据要素市场体系的建立旨在促进电力市场的透明度、公平性和高效性，提高电力市场参与者的决策能力和市场风险管理能力。通过电力数据要素市场体系，电力市场参与者可以在市场上买卖电力数据要素，获取所需的电力数据要素，进行数据分析和决策支持。

电力数据要素市场体系的主要参与者包括数据供给方、数据需求方、数据服务方、数据平台方、数据监管方等。

电力数据要素市场体系的运行方式可以采取集中交易、场外交易、电子交易等形式。市场参与者可以通过交易平台进行电力数据要素的买卖，交易的价格可以根据市场供需关系和交易双方的议价确定。

电力数据要素市场体系的建立对于促进电力市场的发展和电力行业的转型升级具有重要意义。通过电力数据要素市场体系，可以实现电力市场信息的共享和交流，提高市场的透明度和竞争性，促进电力行业的创新和发展。电力数据要素市场发展的生态体系如图4－17所示。

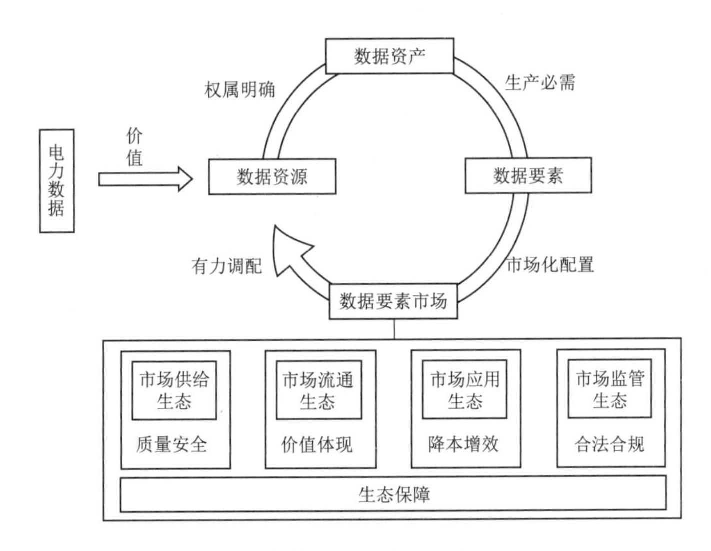

图4－17　电力数据要素市场发展的生态体系

4.4.1　市场供给生态

4.4.1.1　生态概述

电力数据要素市场供给生态的建立和发展对于电力行业的发展具有重要意义。通过建立数据共享平台、数据交易平台、数据安全保障、数据标准和规范等要素，可以实现电力数据要素的有效供给和利用，从而推动电力行业的发展和创新。

数据供给方作为电力数据要素的主要提供者，通过收集、整理和分析电力数据，为市场提供数据要素。他们的参与和贡献是电力数据要素市场供给生态的基础。

数据共享平台的建立可以促进电力数据要素的共享和交流。通过提供数据存储、数据管理和数据服务等功能，数据共享平台可以为各方提供数据要素的便捷获取和利用渠道，促进数据要素的供给。

数据交易平台的建立可以实现电力数据要素的商业化利用。通过提供数据交易、数据价值评估和数据合作等功能，数据交易平台可以促进数据要素的供给，推动数据要素的商业化利用，促进电力行业的发展和创新。

数据安全保障是电力数据要素供给的重要环节。电力数据要素的供给需要保障数据的安全性和可靠性，防止数据泄露和恶意攻击对数据要素供给的影响。因此，数据安全保障是电力数据要素市场供给生态中不可或缺的要素。

数据标准和规范的制定和实施对于电力数据要素的互操作和共享至关重要。通过建立统一的数据标准和规范，可以确保不同数据要素之间的互联互通，实现数据要素的互操作和共享，提高数据要素的供给效率和利用价值。

4.4.1.2 生态实践

电力数据要素是电力行业中的重要资源，包括电力生产、输配电和市场交易等方面的数据，电力数据要素的发展与市场供给生态密切相关。在数据采集方面，电力生产企业是电力数据要素的主要来源之一，其生产数据包括电力生产量、发电设备运行状态等，这些数据是电力数据要素市场中的重要供给方。在数据标注方面，电力数据要素市场中的数据服务方主要是数据加工和服务机构，他们提供数据清洗、分析、服务等，为数据需求方提供高质量的数据要素。数据服务方可以通过与生产企业和需求方的合作，实现数据要素的高效流通，促进市场的稳定和发展。在数据治理方面，各省不断成立能源大数据中心，建立健全数据治理基础数据库、开展数据共享责任清单管理等举措，以及建设数据流通共性支撑平台、统一共享开放平台等基础设施，不断推进数据的汇聚、共享开放，推动企业、社会等多维主体数据开放和融合。

1. 基于数据中台打造高可靠数据供应链

持续推进数据开发汇聚，实现两级数据贯通、数据全量汇聚，将一级部署系统基于数据中台有效提升数据的快捷响应水平，推动数据质量整治和便捷共享。常态开展数据汇聚，按需接入内外部数据，动态更新维护数据目录和负面清单，确保数据一致准确。构建数据接线图，常态开展覆盖数据汇聚、治理、共享、应用全过程的监测分析，推动重点业务共性数据开展数据治理，提升数据质量。持续完善数据运营流程标准化，推进运营流程在线化建设，构建服务等级协议机制，促进数据高效流转，提升中台运营效率。

建立两级数据中台数据核查治理工作机制，重点针对数据完整性、及时性和一致性，会同业务部门和源端项目组共同推进问题解决。建立每日三次通报和技术问题当日解决制度，实现核心业务场景数据及时性、完整性和一致性。

2. 数据分级分类框架

电力数据种类繁多、数量巨大，是国民经济运行情况的“晴雨表”，真实反映了用电客户日常的生活、生产行为，蕴含巨大的商业价值，其权属关涉国家安全以及社会、企业及个人的利益。《中华人民共和国数据安全法》第二十一条提出要对数据实行分类分级保护；中央全面深化改革委员会第二十六次会议指出，要建立数据产权制度，推进公共数据、企业数据、个人数据分类分级确权授权使用。

按照数据数源主体和《中华人民共和国数据安全法》中相关数据分类的提法，将公司数据分为公共数据、用户数据、企业数据三类。同时，从数据的重要程度、数据安全的角度，可将数据分为电力核心数据、电力重要数据、电力一般数据三级。分级原则主要参考2021年12月全国信息安全标准化技术委员会秘书处发布的《网络安全标准实践指南——网络数据分类分级指引》、国家能源局《电力行业数据分类分级标准规范》及中电联《电力行业数据分类分级指南》，相关文件均提出核心、重要、一般的三级数据划分。

（1）数据分类方面。①电力公共数据是指电力公司在依法履行公共管理和服务职责过程中收集、产生的涉及公共利益的数据；②电力用户数据是指以电子或者其他方式记录的与已识别或者可识别的用电客户有关的各种信息，又可以分为用电企业客户数据和用电个人客户数据；③电力企业数据是指企业在日常生产、经营活动中产生、积累、加工形成的数据，是企业重要的数据资产，涉及大量公司商业秘密，除个别涉及国家安全、公共利益或个人隐私的数据外，企业数据产权归企业所有，受法律保护，其他任何组织、个人不得随意窃取、侵占、破坏。

（2）数据分级方面。①电力核心数据是指关系国家安全、国民经济命脉、重要民生、重大公共利益等电力数据，属于国家核心数据的一部分，电力核心数据对国家、社会和企业具有极其重要的意义，一旦遭到篡改、破坏、泄露或者非法获取、非法利用，将对国家安全、公共利益等造成严重影响；②电力重要数据是指一旦遭到篡改、破坏、泄露或者非法获取、非法利用可能危害国家安全、公共利益的数据，如达到一定规模的个人信息或者基于海量个人信息加工形成的衍生数据；③电力一般数据是指其遭到篡改、破坏、泄露或者非法获取、非法利用，不会危害到国家安全、重大公共利益等，但可能会对个人合法权益、组织合法权益造成危害的数据，可依法合规对外共享发布，但也需考虑对外共享的数据量及类别，避免由于类别较多或者数量过大被用于关联分析。

综上所述，电力数据要素市场供给生态的建立和发展对于电力行业的发展和创新具有重要意义。通过建立健全的市场供给生态，可以促进电力数据要素的供给和利用，推动电力行业的发展和创新。

4.4.2 市场流通生态

4.4.2.1 生态概述

电力数据要素市场流通生态是指电力数据要素在市场中的交流和流通过程。在电力数据要素市场流通生态中，各个参与主体可以通过数据交换、共享和交易等方式进行合作和互利。主要的参与主体包括电力生产企业、电力传输和配送企业、电力用户和电力数据服务方等。

电力数据要素市场流通生态的核心是数据的流通和共享。电力生产企业可以将自己的电力产量和负荷等数据提供给电力传输和配送企业，以便其进行电力调度和供应。电力用户可以将自己的用电情况和需求等数据提供给电力生产企业和电力传输和配送企业，以便其提供更加精准的电力供应和服务。电力数据服务方可以通过收集、整理和分析各种电力数据要素，为电力企业和用户提供数据分析和决策支持等服务。

在电力数据要素市场流通生态中，数据的安全和隐私保护是一个重要的问题。各个参与主体需要确保数据的安全性，防止数据泄露和滥用。同时，各个参与主体还需要遵守相关的法律法规，保护用户的隐私权益。

电力数据要素市场流通生态的发展对于优化电力产业的运行和提高电力供应效率具有重要意义。通过数据的共享和交流，可以实现电力生产、传输和使用等环节的协同和优化，提高电力系统的运行效率和可靠性。同时，电力数据要素市场流通生态的发展还可以促进电力企业的创新和发展，推动电力产业的转型升级。

4.4.2.2 生态实践

1. 开放共享逐步成熟

电力数据具有覆盖范围广、实时性强、价值高的特点，在国家高度重视数据要素流动、推动数字经济发展的背景下，各级政府愈发重视电力数据在提升政府和社会治理能力现代化方面的作用。部分省（市）（上海、浙江、福建）出台的地方数据立法，明确将“从事供水、供电、供气、供热、公共交通等公共服务的企业的数据”定性为公共数据。

目前，主要有政务专线传输、互联网线路传输、金服云专线共享、应用程序共享等方式提供数据对外共享通道，满足政府机关的数据服务需求。

（1）政务专线传输。①为支撑“全社会经济运行监测系统”建设，自2022年6月开始，通过省政务专线，向省公共数据汇聚共享平台按周推送“全社会用电量表”“十大工业行业售电量表”“规上企业用电情况表”等8张表数据，包括“日售电量”“周售电量”等共计33个字段；②依据省公安厅与公司的战略合作协议，自2022年6月开始，通过省政务专线，向省公安厅提供“居民在家用电时长”按次审批、查询接口；③为支撑福州市鼓楼区政府“鼓楼智脑”项目建设，自2021年12月开始，通过省政务专线，取得用户授权后，向省公共数据汇聚共享平台按日推送鼓楼区13户试点独居老人的“96点实时电量”；④为支撑省工信厅电力大面积停电事件监控工作，自2020年11月开始，通过省政务专线，向省公共数据汇聚共享平台按实推送电网抢修情况、配网灾损统计等数据；⑤为支撑省发展改革委开展电力专项规划工作，2021年2—4月，通过省政务专线，向省公共数据汇聚共享平台推送电网规划项目情况；⑥为支撑省人社厅开展2021年清理拖欠农民工工资专项工作，2021年8—10月，通过省政务专线，向省公共数据汇聚共享平台推送企业法人拖欠电费信息。

（2）互联网线路传输。①为支撑省应急管理厅“电力助应急”项目建设，自2021年12月开始，通过互联网线路，向省应急管理厅按周推送重点监管企业用电异常分析信息；②依据省生态环境厅与公司的战略合作协议，自2020年10月开始，通过互联网线路，向省生态环境厅按周推送排污企业环保设备用电、疑似散乱污用户分析情况。

（3）金服云专线共享。根据省政府要求，自2020年10月开始，通过网络专线，向省金服云平台提供用户电费、电量的计算分析结果的授权查询接口。

（4）应用程序共享。①依据与中国铁塔股份有限公司（以下简称“铁塔公司”）、三大运营商签署的《通信基站用电监测技术服务合同》，自2021年4月开始，通过东南能源大数据中心门户向各地市铁塔公司、通信运营商展示基站用电相关信息；②依据与南平制茶、烤烟企业签署的《智慧制茶产品研发合同》和《智慧烤烟产品研发合同》，自2021年4月开始，通过移动端向各制茶、烤烟企业展示制茶、烤烟设备运行与环境监测信息。

2. 授权运营不断优化

直接交付的流通模式下，数据控制者对于数据管理和运营能力的不足，导致当前仍有大量数据价值未被挖掘，未能形成充分的数据资源供给与数据流通需求。同时，数据权属界定、收益分配等基础问题始终难以明确，也使得数据供需方在参与流通时顾虑重重。为解决以上困境，国内外相关机构开始探索数据委托运营的新型流通模式。

数据信托为机构数据资产变现提供新思路。数据信托是指数据供给方以数据作为信托财产设立信托，由信托机构按照委托人意愿，自行或委托第三方运营机构对信托财产进行专业管理和收益分配的数据流通模式。中航信托股份有限公司（以下简称“中航信托”）曾于2016年发行国内首个数据资产信托产品，委托人数据堂以其持有的数据资产设立信托，并将收益权转让给中航信托，以此获得了现金对价。引用信托财产的权利与制度设计，数据资产的所有、使用、收益等权能安排可以得到有效设计和落实。因此，2021 年以来，数据信托得到了各地政府、企业的重点关注。在政府层面，开展了政府数据授权运营试点，鼓励第三方深化对公共数据的挖掘利用，即通过一定方式授权给特定主体进行市场化运营，进一步带动市场活力。现阶段，国内各地政府均在积极推行管运分离的数据授权运营模式。2021 年 11 月发布的《上海市数据条例》研究创设公共数据授权运营机制，参照公共资源特许经营的模式，由市政府办公厅采用竞争方式确定被授权运营主体，授权其在一定期限和范围内以市场化方式运营公共数据，提供数据产品、数据服务并获得收益。能源企业如何开展委托运营工作需要从以下几个方面考虑：

（1）做好自身数据治理工作。在开展委托运营工作之前，企业需要开展数据治理工作。数据治理工作是数据资源向数据资产转变的必经之路。数据治理的模板就是让数据变得可控、可变现、可度量，从而形成数据资产。

（2）识别可委托运营的数据资产，构建数据应用制度。在开展委托运营工作之前，企业需要对自身可委托的数据资产进行识别。比如用户的隐私信息，如手机号、家庭地址等，如何应用、应用边界、授权流程等都需要进一步明确。

（3）协商好数据资产价值分配。企业在开展委托运营工作时，需要与受委托方明确数据价值和收益的方式。在具体开展委托工作时，可采用市场分润、数据定价等多种模式。

（4）完善安全保障机制及技术要求。企业需要建立安全的保障机制和技术要求，可运营包括但不限于访问控制、访问审核以及数据的匿名化处置等重要内容，以此平衡数据主体的隐私保护与数据可交易价值之间的紧张与冲突。同时基于数据资产本身的特殊性，从技术信任的基础设施角度，可以综合应用区块链和隐私安全计算技术挖掘数据价值。

（5）建立委托运营的标准和撤回机制。企业在开展数据委托运营时，需要对委托方开展一系列的评估，包括安全保障能力、市场合作能力、技术保障能力、数据处理能力、产品运营能力等。同时，需要构建数据撤回机制，确保当数据主体不赞成数据的使用目的时，可以从特定的数据信托中撤回其信托，擦除其数据。

3. 交易场所加快完善

目前全国正在积极推进大数据交易所的建设，以促进数据要素市场的发展。大数据交易所的数据来源主要包括以下几个方面：

（1）政府部门。政府部门是大数据交易所的重要数据来源之一。政府部门可以提供政府公开数据、行政审批数据、社会公共服务数据等多种类型的数据资源，为大数据交易所提供数据基础。

（2）企业和机构。企业和机构是大数据交易所的另一个重要数据来源。企业和机构可以提供自身业务数据、产品数据、客户数据、供应链数据等多种类型的数据资源，为大数据交易所提供更加丰富的数据要素。

（3）个人。个人数据也是大数据交易所的重要数据来源之一。随着移动互联网的普及，个人数据不断增加，如社交网络数据、移动定位数据、在线消费数据等，这些数据可以为大数据交易所提供更加精准的数据要素。

（4）第三方。第三方数据也是大数据交易所的重要数据来源之一。第三方数据可以包括各种开放数据、第三方数据服务提供商提供的数据、各类数据爬虫和采集工具采集的数据等。

大数据交易所的数据来源较为广泛，可以涵盖政府部门、企业和机构、个人和第三方等多个方面。在数据交易过程中，数据供给方需要遵守相关法律法规和隐私保护规定，确保数据的合法性、安全性和隐私性。

全国范围内的重点大数据交易所建设情况日益完善。国家大数据交易服务平台是国家大数据综合试验区建设的重要举措。平台旨在建立全国范围内的大数据交易服务体系，提供数据交易撮合、数据服务和数据应用等多种服务，以促进数据要素市场的发展。

大数据交易所的建设有助于促进数据要素市场的发展，推动数字经济的发展，提高经济增长的质量和效益。

4. 跨境流通稳步推进

电力数据要素市场跨境流通是指电力数据要素市场中不同国家和地区的电力企业和机构之间进行电力数据交换和共享的过程。通过电力数据要素市场跨境流通，不同国家和地区的电力企业和机构可以获得更加全面、准确、实时的电力数据，促进国际电力市场的互联互通。

电力数据要素市场跨境流通的实现需要建立国际电力数据交易平台，这种平台可以提供数据交易撮合、数据仓库、数据清洗和分析等多种服务，为不同国家和地区的电力企业和机构提供便捷的电力数据交换和共享渠道。国际电力数据交易平台可以建立统一的数据标准和规范，提高电力数据的质量和可信度，同时也可以帮助不同国家和地区的电力企业和机构了解各自的电力市场情况和电力需求，促进国际电力市场的互联互通和合作发展。

目前，国际上已经出现了一些电力数据交易平台，如北欧电力市场、欧洲电力交易平台等。此外，一些国际组织和机构也在推动电力数据要素市场跨境流通的发展，如国际能源署、欧盟能源市场等。

在电力数据要素市场跨境流通中，需要注意数据的安全和隐私保护。电力企业和机构需要遵守不同国家和地区的法律法规和隐私保护规定，保护数据的安全和隐私，同时也需要建立统一的数据标准和规范，提高电力数据的质量和可信度。

4.4.3 市场应用生态

4.4.3.1 生态概述

电力数据要素市场应用生态是指将电力数据要素应用于市场领域，形成一种生态系统。这个生态系统包括数据供给方、数据服务方、数据需求方等多方参与者。

数据供给方是指电力公司、能源监测机构等提供电力数据的组织或机构。他们通过各种传感器、监测设备等手段收集电力数据，并将其进行整理和存储。

数据服务方是指专门从事电力数据分析的机构或团队。他们通过对电力数据进行统计、分析和建模，提取出有价值的信息和洞察，并将其转化为可供市场应用的数据产品或服务。

数据需求方是指：①将电力数据应用于市场领域的企业或个人，他们利用电力数据进行市场预测、能源管理、智能电网建设等方面的工作，提高能源利用效率，降低能源消耗成本；②使用电力数据的各类企业、机构或个人，他们可以是能源供应商、能源消费者、政府部门、研究机构等，通过使用电力数据来进行决策、规划和监管等工作。

在这个生态系统中，各参与者之间相互依赖、合作和共享，形成良性循环。数据供给方通过提供电力数据获得收益，数据服务方通过分析电力数据提供数据产品或服务获得收益，数据需求方通过应用电力数据提高效益获得收益。

总体来说，电力数据要素市场应用生态的形成和发展，可以推动电力行业的智能化和信息化进程，提高能源利用效率，促进可持续发展。

4.4.3.2 生态实践

1. 公共数据开发利用卓有成效

"数据二十条"明确了公共数据、企业数据、个人数据三个大的分类。公共数据作为数据要素中权威性、通用性、基础性、可控性、公益性较强的数据类型，对于赋能政务治理、赋能经济发展、赋能共同富裕具有十分重要的意义。电力数据作为企业数据，在参与公共数据开发利用过程中应遵守的原则。公共数据授权运营的特点，包括建立授权机制、明确授权条件、明确主体责任、加强要素供给、合理分配收益、构建开发生态等，目前各地参与公共数据开发利用的典型案例或场景有：①上海、浙江、福建等省份出台的地方数据立法，明确将"从事供水、供电、供气、供热、公共交通等公共服务的企业数据"定性为公共数据；②2022 年 2 月施行的《福建省大数据发展条例》，不仅将公司履行供电公用服务过程中直接收集产生的数据，而且将上述数据（原始数据）的衍生数据也纳入公共数据范畴，并要求接入省公共数据汇聚共享平台。

2. 企业数据应用场景不断丰富

为全面贯彻落实国家大数据战略，充分发挥数据作为生产要素的价值作用，国家电网有限公司积极推进大数据应用专项行动，围绕"两支撑三赋能"，深入培育大数据产品。"两支撑"包含支撑国家科学治理、支撑政府科学决策；"三赋能"包含赋能电网转型升级、赋能经营管理提升、赋能客户服务优质。

在服务国家治理现代化方面，支撑国家科学治理，主动对接各级政府需求，培育电力看经济、电力看环保、电力助应急等高价值产品和服务；支撑政府科学决策，支撑业务创新发展，创新电力看信用、电力看双碳等新产业、新业态、新模式，充分释放数据"倍增效应"。在服务公司智慧运营方面，赋能电网转型升级，提升电网全息感知、灵活控制、系统平衡和精准投资能力；赋能经营管理提升，推动核心资源科学高效配置，提升企业级精益管理和决策支持能力；赋能客户服务优质，开展客户行为分析、客户精准服务、便捷服务和智能服务，提升客户满意度，改善营商环境。

3. 政企数据融合应用持续升级

政企数据融合应用持续升级，可以为政府和企业提供更加全面、准确、及时的数据支持，帮助政府和企业做出更加科学、准确、高效的决策和管理。政企数据融合应用持续升级有贯通数据接口、构建数字平台、开展数据分析等多种方式。

（1）贯通数据接口，直接数据服务。政企数据融合应用需要贯通各个数据接口，实现数据的快速、准确、可靠地交换和共享。通过建立数据共享平台和数据交换机制，政府和企业可以直接获取所需数据，实现数据的无缝对接和直接数据服务，提高数据的可用性和价值。

近年来，电力企业积极发挥央企责任担当，有序推进电力大数据支撑政府和社会治理现代化的作用，通过政务专线已向政府、企业提供了全社会用电量、居民用电时长等多类电力数据。

（2）构建数字平台，辅助政府决策。政企数据融合应用可以通过构建数字平台，辅助政府决策。数字平台将各种数据资源整合在一起，建立数字化的决策支持系统，为政府决策提供全面、准确、实时的数据支持。数字平台还可以为政府和企业提供数据可视化、数据分析和数据挖掘等工具，帮助用户更好地理解和利用数据，提高决策的科学性和精准性。

（3）开展数据分析，赋能国家智库。在我国政府和企业共同推动“数字中国”战略的背景下，我们正致力于构建数字国家和数字经济。数据分析是实现“数字中国”战略的重要手段之一。数据分析是将大量的数据加工、整理、分析和挖掘，提取有用的信息和知识，为政府决策和企业管理提供科学依据。同时，政企数据融合应用也可以为国家智库提供丰富的数据资源和分析工具，促进国家智库的建设和发展，提高国家智库的智能化和精准化水平。

政府和企业通过数据共享和数据合作，开展数据分析，为政府决策和企业发展提供支持。电力行业是国民经济的重要支柱之一，而数据分析技术在电力行业中的应用也越来越广泛。政府和企业通过数据共享和数据合作，开展电力数据分析，提高电力运营效率和服务质量。

电力负荷预测。政府可以整合各级电力企业的电力负荷数据资源，建立电力数据目录和数据字典，实现数据的标准化和互通性。同时，政府可以利用数据分析技术，对历史电力负荷数据进行处理、清洗和整理，建立电力负荷预测模型，预测未来的电力负荷，以便调整电力生产和供应计划。

电力设备故障预测。政府可以整合各级电力企业的电力设备数据资源，建立电力设备数据目录和数据字典，实现数据的标准化和互通性。同时，政府可以利用数据分析技术，对电力设备的历史数据进行处理、清洗和整理，建立电力设备故障预测模型，预测未来的电力设备故障，以便进行维护和保养。

电力价格预测。政府可以整合各级电力企业的电力价格数据资源，建立电力价格数据目录和数据字典，实现数据的标准化和互通性。同时，政府可以利用数据分析技术，对电力价格的历史数据进行处理、清洗和整理，建立电力价格预测模型，预测未来的电力价格，以便进行电力市场调整和监管。

综上所述，政企数据融合应用持续升级可以通过贯通数据接口，构建数字平台和开展数据分析等手段和方法，为政府和企业提供更加全面、准确、实时的数据支持，帮助政府和企业做出更加科学、准确、高效的决策和管理，促进社会的数字化转型和可持续发展。

4.4.4 市场监管生态

4.4.4.1 生态概述

电力数据要素市场监管生态是指在电力数据要素市场中，通过建立监管机制和监管制度，维护市场秩序，保护市场主体的合法权益，促进市场健康发展的一整套监管体系和生态环境。

电力数据要素市场监管生态包括以下几个方面：

（1）监管机构。建立专门的电力数据要素市场监管机构，负责监督和管理市场，制定监管政策和规则，执法监管，维护市场秩序。

（2）监管制度。建立健全的电力数据要素市场监管制度，包括市场准入制度、交易规则、信息披露制度等，规范市场行为，保护市场主体的合法权益。

（3）监管措施。采取有效的监管措施，如市场监测、风险预警、投诉处理等，及时发现和解决市场风险和问题，保障市场的稳定运行。

（4）市场参与主体。鼓励和支持各类市场参与主体，如数据供给方、数据需求方、数据平台方、数据服务方等，促进市场的多元化和竞争性，提高市场效率。

（5）法律法规。制定相关的法律法规，明确市场参与主体的权利和义务，规范市场行为，加强市场监管。

通过建立电力数据要素市场监管生态，可以有效维护市场秩序，促进市场的健康发展，提高电力数据要素市场的透明度和效率，为电力行业的发展提供有力支持。

4.4.4.2 生态实践

为实现能源大数据要素市场有序健康发展，避免在能源大数据要素市场中形成盲目价格竞争、投机趋利和市场供给失序的情况，在数据的交易市场建立初期的基本市场经济关系、规律、秩序和法则，同时针对初期市场的环境状态制定一系列限制价格的举措，开展体系化、制度化的数据价格监管措施，对帮助组建大数据信息生产力、构筑大数据经济结构和营造良性大数据生产交易条件起到关键作用。同时，把价格管理作为基点，拓展监管场景以提升能源大数据要素市场监管力度，为当前能源大数据要素市场的市场化手段提供更多市场工具和资源配置选择也有着重要实践意义。

1．建立健全数据流通管理规则

为实现数据流通交易行为"可控可计量"，2022年1月，国务院办公厅印发的《要素市场化配置综合改革试点总体方案》（以下简称《方案》）中提出了关于土地、劳动力、资本、技术、数据五大要素的试点任务及加强资源市场制度建设、要素市场治理、要素间协同配置的相关要求。从数据要素方面来看，《方案》进一步提出要探索建立流通技术规则，聚焦数据采集、开放、流通、使用、开发、保护等生命周期的制度建设，推动部分领域数据采集标准化，分级分类、分步有序推动部分领域数据流通应用，推动完善数据分级分类安全保护制度，探索制定大数据分析和交易禁止清单。结合《方案》相关描述与其提出背景下数据要素市场建设情况来看，显然，制度建设在数据要素市场的建设初期、对数据的全生命周期管理发挥着关键作用，且相比于其他要素市场，数据要素市场在市场初期对交易的规范性、体系的完整性有更高的成熟度要求。开展数据管理制度建设，重点是对数据的交易（市场的关键活动）进行规范，包括进行：①数据交易的内容、范围、条件限制；②数据使用的分级、分类工作。

（1）数据交易的内容、范围、条件限制。当前数据要素市场的交易内容包含数据信息、数据的模型算法和算力（衍生技术）、数字产品，在未来数据要素价值化持续深入的情况下，还将实现向数据资产乃至数据资本的跨越。因此，解决如何保证充足基础数据量以形成衍生市场及产品驱动力问题，对推动数据交易从场外向场内拓展、从数据链及数字场景丰富的政府部门和国有企业或机构向非公有经营单位拓展具有关键意义。一方面，由于数据本身易复制，极易产生负外部性，因此出现部分个人或企业无限制的数据使用或数据滥用的情况；另一方面，数据源的多样性使用、跨平台融合使用又使得数据流向控制有很高难度。当前能源等重要行业数据的市场内容限制由国有企业或机构明确，其限制范围也经国有企业或机构界定，不同于传统交易规则下的所有权转让模式，数据要素市场中作为数据源的国有企业或机构会以安全性作为首要考量，对原始数据进行脱敏处理，一般把规定原始数据使用域、限定原始数据流动平台作为维持安全性的主要手段，在使用路径上实现能源大数据信息所有权和使用权分离。

能源大数据信息所有权与使用权的分离，重点在于所有权的确认。对数据所有权争议目前有两种主要观点，分别认为数据所有权归属于原始个人或组织、数据所有权属于数据收集者和开发者。前者认为数据由大量个人信息组成，数据泄露等信息安全问题在数据开发过程中几乎无法避免，明确数据所有权属于原始个人或组织是对数据信息保护的重要基础，且由数据价值产生的数据财产也不能等同于现有法律中无形财产进行认定；后者认为从产业发展角度而言，数据在进行收集和开发的过程中数据收集者和开发者已投入其劳动成本并挖掘出了潜在的数据价值，理应对这些数据价值享有所有权。国内目前出台的数据领域基础性法律（《中华人民共和国个人信息保护法》《中华人民共和国数据安全法》《中华人民共和国网络安全法》）中对数据的所有权归属尚未做出明确的规定，而在国内数据监管领域则有明确的分级管理和保护制度用以严格保护包括国家安全、国民经济命脉、重要公共利益和重大民生的“国家核心数据”，若沿此路径，能源大数据市场的原始数据信息由国有企业及机构掌握并拥有数据流向主导权的市场模式便明晰了。

（2）数据使用的分类、分级工作。数据分类分级是数据要素市场建立初期解决的首要问题。传统的分类分级方式主要依循科学性、适用性、灵活性、全面性、独立性和标准性的原则，依据分类对象的多维度特征和内在逻辑，科学系统化地设置符合业务需求和普遍认知的类目或级别，且保证各类目之间维度统一全面、颗粒度保持一致。能源大数据的分类方法在总体遵循上述原则的前提下，还需要针对数据的使用对象、使用标准、使用可靠性、使用安全性等角度进行评估考量，针对不同的对象开放不同共享条件及机密级别的数据。对于能源大数据的分级工作，重点考虑的则是数据的影响范围和数据内容敏感性，结合考虑能源行业特定要求或业务需求。做到数据的有效分类分级，需要把握好专业市场技术人员和人工智能技术在形成分类体系和规则体系时的任务部署及资源配置情况，精准扩大各自优势。例如人工干预较为复杂的数据，利用计算机完成海量及重复的数据标签化、数据分类分级工作实施并优化的过程。以当前数据要素市场的主流方式及市场实操性角度来看，未来能源大数据要素市场通过数据牌照或数据准用许可证作为管理媒介有较大可能性。具体来说，由相关部门先划定发放数据牌照的内容范围及级别，再结合第三方数据信托与公共机构管理。

2. 拓展能源大数据交易监管场景

能源大数据交易监管对象包括对市场主体、市场客体、市场载体的全面监管。在监管理念上，研究如何统筹发展与安全，厘清国家主权与全球治理、主观与客观等数字安全基本概念和主要矛盾，将成为能源大数据交易安全与全球合作的重大课题。在监管工具上，建立在广泛共识基础上的客观评估标准和分级分类监管体系将成为合理有效保障交易安全的关键政策。在关键议题上，数字基础设施和网络安全保障、人工智能监管、虚假信息治理、产业链保障仍将是最迫切的交易安全与全球合作问题。在治理机制上，建立在国际秩序民主化和数字大国间协调双重基础上的集体数字安全机制，将是交易安全监管机制建设的努力方向。其中：对市场主体的监管重点，是在分类分级确权基础上的行权合法性；对市场客体的监管重点，是在数据质量、虚假信息治理、知识产权保护等方面的监管；对市场载体的监管重点，是针对数字基础设施和网络安全、交易规则等方面的监管。

拓展能源大数据交易监管场景，是指在规范化数据开发利用场景后，结合交易场景开展数据交易监管的沙盒式管理，进一步支持打造统一的技术标准和开放的创新生态，完善商业数据服务价值链。当前数据交易平台大致包括政府主导型数据交易平台、产业联盟交易平台、企业主导的交易平台三类，由于能源大数据属于国家核心数据信息，在能源大数据要素市场建设过程中将会呈现以政府主导型数据交易平台为核心，产业联盟交易平台及企业主导的交易平台在分支领域起关键支撑作用的建设定位。能源大数据交易监管体系的设计及落地对后两者显然具备更高的要求，也面临更大的挑战。

（1）政府主导型数据交易平台。政府主导型数据交易平台是当前大数据交易的重要平台。在数据交易市场建设初期，以政府单位（或国有企业）作为主要力量推动数据交易平台建设能够最大化地提高规范性和权威性。就平台性质而言，与国际上绝大多数的数据交易机构定位不同，政府主导型数据交易平台作为准公共服务机构的设立目的是要赋能整个数字经济良性发展，其交易行为在进行商业考量之余更多要兼顾数字资源的最大化利用和最广利开发，是以加快数据要素流通、释放数据红利、推动数字经济建设为核心建设思想的基础设施。对于政府主导型数据交易平台来说，其监管体制同样需要依循政府主导。宏观层面而言，政府主导型监管体制注重统筹社会稳定、社会和市场经济发展两者之间的关联性和稳定性，由政府统一管理尺度，维护市场行为的公开、公平和公正。微观角度而言，政府主导型监管体制相比传统的政府直接监管更能接近市场、更熟悉市场的实际业务操作手段，应对市场变化和违法违规行为具有更高灵活性和敏感性。

（2）产业联盟交易平台。与政府主导型数据交易平台相比，产业联盟交易平台的参与主体由联盟的性质决定，同时，产业联盟交易平台也是对政府主导型数据交易平台的重要补充。据不完全统计，从 2015 年国内设立首家大数据交易所伊始到 2021 年底，国内由地方政府推动设立的数据交易平台总数已超过 20 个，但整体处于市场前期的快速增长阶段，有关法规和机制建设尚未完善，市场边界尚不明朗，当前数据交易的市场反馈也反映出交易平台仍有较大的提升改进空间，产业联盟交易平台的建立或是解决上述问题的有效路径。产业联盟是一类为解决特定产业共性问题而设立的、以高度市场化的机制运行的企业间组织，其设立目的带有一定公益性，在制定标准、技术研发、产业链创新等方面形成企业间合作以解决关乎企业直接利益的实际问题，以平衡资源互补和减少协调成本两个相互制衡的因素。基于非利益冲突合作的原则，产业联盟交易平台可划分成异业联盟或同行业中阶梯（或商业版图）互补的业内联盟两大类，两者在服务对接、数据共享、商机开发等业务方面没有太大差异，但由于异业联盟不存在竞争关系，同时由于其跨行业的特性，更能帮助参与主体扩大自身影响力。故在能源大数据市场交易平台的建设中加入非行业内元素会是一种有益尝试。另外从能源大数据市场交易平台的监管角度而言，由于能源大数据交易市场中具体的参与主体包括能源大数据供需双方企业、中间交易支撑和技术服务等功能企业、商协学会、高校及科研机构等，对产业联盟实行监管将同时涉及不同领域多种性质社会组织，显然，由单一领域的权威机构进行全盘监管无法应对复杂的组织结构和业务操作。因此，产业联盟的监督同样可以吸收其他行业监管思路，从内部监督、平行监督和联席监督三个层次搭建产业联盟大数据交易监督体系，针对参与主体的技术使用、产品产出、产品质量、数据流通、利益分配等方面开展监督机制部署。

产业联盟大数据交易监督体系的三个层次监督，需要依循从组织内部到外部、从基层到顶层的建设思路，在完成基础业务的监督落实之余，成立以监督任务为向导的最高监督小组或建立联席监督会议制度。在履行包括数据生产要素的交易范围、算法治理和个人信息保护与数据安全等方面的监督职责时，可以由最高监督小组或联席监督会议决定联盟各参与主体主要任务，各单位内部监督工作小组执行具体任务，比如数据牌照的申请、审核、发放、限制使用和吊销（由数据供方的政府单位成员负责），以及推动算法审计（负责审计单位成员）、协调个人信息保护和数据安全方面的工作（负责监事单位成员）、设定争端解决与协调机制（负责日常维护单位成员）、巡查监督（选举获得）等。传统的数据交易往往发生在数据供需方（有时包括中间平台）之间，而数据流动是长链态、多分支的，在这样的数据流通形态下更容易产生数据关联生态。然而，由于数据交易市场生态是长链态且多分支的，产业联盟的参与主体数量和规模可能存在较大差异，用完全一致的标准来要求同生态位乃至同支路的单位可能存在执行不力、效率较低的情况。因此，可利用先进行生态位重要性评估和工作定性、后根据参与主体在同生态位规模比重进行配置的方法，基于产业联盟中各单位的实际情况和部分单位、任务的特殊性进行最适任务分配。

（3）企业主导的交易平台。企业主导的交易平台基于合规的数据源进行数据产品或服务开发，并将成品直接交接于买方。企业主导的交易平台一般是由自身拥有庞大数据资源或者具备技术优势的企业主导建立，其与一般企业线上服务平台差异性主要体现在功能层面，因此与针对一般企业线上服务平台相似，能源大数据要素市场交易平台的监管工作应注重市场监管部门的关键作用，实行在大型交易平台所在地建立监察机关或设立专业化网络监管机构的方式，统一区域交易平台监管的管辖权，同时加强监察机关和数据交易平台在部分内容或工作上的协同监管。

建立区域监察机关并对企业主导的交易平台进行集中管辖的模式，是基于传统市场监管的属地管辖模式的实践经验，结合互联网特点和数字经济特征形成的。传统的属地管辖，是行政监管权和执行管辖权以行为发生地为区划配置标准以提升监管有效性和效率性的模式，该模式在应用于数字经济时，面临的首要问题便是数据高度的流动性和分散性导致不同区域监察机关难以形成明确的责任分担，该问题若简单以“谁发现、谁负责”或根据监管事件影响程度来定责，很可能产生责任配置不合理情况，进一步造成各监管机关间推诿扯皮、无人担责的现象。因此，参考传统市场监管的属地管辖模式，利用数据存储处理易产生集中效应和规模效应的特性，以大型交易平台所在地作为区域划定依据会是一条有较大参考价值的实践路径。在能够充分明确监察机关责任的同时，该模式也能为监察机关与企业主导的交易平台直联合作、协同企业开展监督产生更多契机。

避免在数据要素市场中形成盲目价格竞争、投机趋利和市场供给失序的情况，在数据的交易市场建立初期的基本市场经济关系、规律、秩序和法则，同时针对初期市场的环境状态制定一系列限制价格的举措，开展体系化、制度化的数据价格监管措施，对帮助组建大数据信息生产力、构筑大数据经济结构和营造良性大数据生产交易条件起到关键作用。

4.5 电力数据要素市场的发展战略

电力数据要素市场的发展战略应当综合考虑合规、理论、实践、合作、管理及设施等各个层面。在合规层面，未来应当进一步完善数据要素市场政策法规；在理论层面，未来应当加强数据要素市场理论研究；在实践层面，未来应当开展电力数据要素市场培育试点；在合作层面，未来应当搭建电力数据要素市场生态联盟；在管理层面，未来应当强化数据要素安全管理能力建设；在设施层面，未来应当推进数据要素市场配套的技术设施建设。以此在全方面、全流程上从战略层面构建电力数据要素价值释放、推进电力数据要素市场建设。

4.5.1 完善数据要素市场政策法规

4.5.1.1 数据要素市场政策出台

近年来，党中央、国务院高度重视数据要素及其市场化配置改革，从战略高度提出要“加快培育发展数据要素市场”，并明确了数据要素市场化改革的总体方向、实施路径及目标任务。

2020 年 3 月，中共中央、国务院公布《关于构建更加完善的要素市场化配置体制机制的意见》，将数据与土地、劳动力、资本、技术并列，作为第五种生产要素，并明确提出“引导培育大数据交易市场，依法合规开展数据交易”。推进政府数据开放共享，研究建立公共数据开放和数据资源有效流动的制度规范。提升社会数据资源价值，培育数字经济新产业、新业态和新模式，推动人工智能、可穿戴设备、车联网、物联网等领域数据采集标准化。加强数据资源整合和安全保护，探索建立统一规范的数据管理制度，提高数据质量和规范性，丰富数据产品。

2021 年 1 月，中共中央办公厅、国务院办公厅印发的《建设高标准市场体系行动方案》提出，“建立数据资源产权、交易流通、跨境传输和安全等基础制度和标准规范”“积极参与数字领域国际规则和标准制定”。随后，中共中央、国务院发布的《国家标准化发展纲要》指出，要“建立数据资源产权、交易流通、跨境传输和安全保护等标准规范”。

2022 年 1 月，国务院办公厅印发的《要素市场化配置综合改革试点总体方案》提出，要求探索建立数据要素流通规则。完善公共数据开放共享机制。建立健全高效的公共数据共享协调机制，支持打造公共数据基础支撑平台，推进公共数据归集整合、有序流通和共享。建立健全数据流通交易规则。探索“原始数据不出域、数据可用不可见”的交易范式，在保护个人隐私和确保数据安全的前提下，分级分类、分步有序推动部分领域数据流通应用。

2022 年 1 月，国务院印发的《“十四五”数字经济发展规划》明确提出，要充分发挥数据要素作用、强化高质量数据要素供给，加快数据要素市场化流通，创新数据要素开发利用机制；加快构建数据要素市场规则，培育市场主体、完善治理体系，到 2025 年初步建立数据要素市场体系。

2022 年 4 月，国务院印发的《关于加快建设全国统一大市场的意见》提出，加快培育统一的技术和数据市场。建立健全全国性技术交易市场，完善知识产权评估与交易机制，推动各地技术交易市场互联互通。加快培育数据要素市场，建立健全数据安全、权利保护、跨境传输管理、交易流通、开放共享、安全认证等基础制度和标准规范，深入开展数据资源调查，推动数据资源开发利用。

2022 年 6 月，中央全面深化改革委员会通过“数据二十条”，明确指出数据基础制度建设事关国家发展和安全大局。要加快构建数据基础制度，充分发挥我国海量数据规模和丰富应用场景优势，激活数据要素潜能，做强做优做大数字经济，增强经济发展新动能，构筑国家竞争新优势。要以维护国家数据安全、保护个人信息和商业秘密为前提，以促进数据合规高效流通使用、赋能实体经济为主线，以数据产权、流通交易、收益分配、安全治理为重点，深入参与国际高标准数字规则制定，构建适应数据特征、符合数字经济发展规律、保障国家数据安全、彰显创新引领的数据基础制度。

2022 年 12 月，中共中央、国务院提出“数据二十条”，数据作为新型生产要素，是数字化、网络化、智能化的基础，已快速融入生产、分配、流通、消费和社会服务管理等各环节，深刻改变着生产方式、生活方式和社会治理方式。数据基础制度建设事关国家发展和安全大局。为加快构建数据基础制度，充分发挥我国海量数据规模和丰富应用场景优势，激活数据要素潜能，做强做优做大数字经济，增强经济发展新动能，构筑国家竞争新优势。

2023 年 1 月，工业和信息化部等十六部门《关于促进数据安全产业发展的指导意见》提出，推动数据安全产业高质量发展，提高各行业各领域数据安全保障能力，加速数据要素市场培育和价值释放，夯实数字中国建设和数字经济发展基础。明确数据安全产业在 2025、2035 两个阶段的发展目标：到 2025 年基础能力和综合实力明显增强，产业规模超过 1500 亿元，年复合增长率超过 30%；到 2035 年进入繁荣成熟期，对数字化的支撑作用大幅提升。

2023 年 2 月，中共中央、国务院印发《数字中国建设整体布局规划》，其中强调促进数字经济和实体经济深度融合，以数字化驱动生产生活和治理方式变革。这表明，数字经济时代数据在微观生产运营、宏观经济增长及发展中所发挥的作用得到广泛认可。要充分促进以数据为关键要素的数字经济发展，需将经济社会发展与法治运行有机结合，以创新思维引领持续发展。我国改革开放创造的伟大奇迹更能说明，改革创新是我们战胜一切挑战的唯一出路。

4.5.1.2 数据要素市场法律法规完善

我国“十四五”规划明确提出要“强化数据资源全生命周期安全防护”，习近平总书记多次作出重要指示批示，提出加快法规制度建设、切实保障国家数据安全等明确要求。数据要素市场发展的重要前提是完备的数据安全合规体系，以此在事前、事中、事后全过程保障数据的流通符合法律法规的相关要求。目前，在顶层设计方面，我国已经基本形成了以《中华人民共和国数据安全法》为底层立法，《中华人民共和国网络安全法》《中华人民共和国个人信息保护法》为上层立法的数据安全治理体系，但是数据流通中仍然面临“红线不清”的问题。

为破解“红线不清”的法治难题，各地积极在上位法指引下探索更加完备的数据安全与合规体系。如中国（温州）数安港由地方政府牵头成立数据安全合规管理委员会，邀请数据相关各界专家学者，组建数据安全合规专家委员会，设定制度框架，使改革在法治的框架内稳步进行，出台《中国（温州）数安港数据安全合规管理委员会工作规程》《中国（温州）数安港数据安全合规评估机构资质管理办法》《中国（温州）数安港数据联合计算和数据产品交易主体资格管理规则》《中国（温州）数安港数据处理主体责任清单》《中国（温州）数安港数据安全负面行为清单》等具体规章制度，呼应细化上位法的原则要求，形成真正的数据安全与合规闭环体系，迈出真正切实有益的探索。

4.5.2 加强数据要素市场理论研究

数据作为一种新型生产要素，若想使其有序进入市场经济的环节并在此基础上，建立未来的电力数据要素市场，首先需要解决数据权属不清、价值难以评估两方面的困境。

具体而言，数据权属不清即谁对数据资源的持有、加工使用等享有权益，数据相关收益归属于谁并不明确；价值难以评估主要是基于数据作为一种新型生产要素独特的性质而造成的。一方面，在静态领域，原始数据仅具备潜在的价值创造能力，还不能直接参与价值创造，难以进行评估与量化。另一方面，在动态领域，当原始数据经过加工形成数据集、数据库、信息报告、数据服务等不同形式的数据产品或服务，则可以被应用于数字经济中的不同场景，如广告精准投放等，此时产生了一定的价值。但在这一动态的环节中，数据作为无形资产往往与实物形态或有形资产相结合才能发挥价值，从最终形成的数据产品和服务成果中剥离出数据价值和评估量化数据价值是困难的。

为破解数据要素市场化面临的数据权属不清、价值难以评估两方面的困境，应当加强数据确权、数据评估、数据信托等方面的理论研究。数据确权主要解决的是数据权属不清问题，是数据要素市场化的前提条件；数据评估主要解决的是价值难以评估问题，是数据要素市场化的核心环节；数据信托则是数据要素市场化的创新路径，有利于全方位激活数据要素潜能，充分发挥其对经济的推动与促进作用。

4.5.2.1 数据确权是市场化的前提条件

数字经济发展初期，数据权属不清致使难以实现数据的共享、流通、交易，致使大量潜在数据供给方不敢或不愿进场交易，致使数据滥用和算法歧视等问题日益严重。因此数据确权是数据要素市场化的前提条件，有利于明确数据权属、明晰权利义务边界、保障合法权益，释放数字市场的发展活力和创新力。数据确权具备经济学与法学两方面的理论基础。

1. 经济学基础

科斯Ⅰ定理认为，如果交易成本等于零，权利的初始界定无关紧要；科斯Ⅱ定理认为，如果交易成本为正，权利的初始界定很重要；科斯Ⅲ定理认为，通过政府来较为准确地界定初始权利，将优于私人之间通过交易来纠正权利的初始配置。基于此，科斯认为初始产权的明晰界定和分配可以提高效率、节约甚至消除纠正性交易的需要，且通过政府来较为准确地界定初始权利，将优于私人之间通过交易来纠正权利的初始配置。

科斯定理也是数据确权必要性的经济学基础。如若初始的数据产权不明确或不合理，市场主体将通过交易进行修正，以达到资源的优化配置。而在现实中，交易的成本总是为正且往往交易的代价很高，如此资源配置的效率将受到影响。因此，公权力主体应当在初始阶段便通过数据产权制度确定权益的分配，平衡各类市场主体之间的权益，保证数据主体间的各项权益充分协调、互不影响，以此节约甚至消除纠正性交易。同时，数据产权制度应当注重平衡减少修正性交易所带来的收益和数据产权排他性所带来的社会成本之间的关系，关注不同制度之间的耦合度和配合度，协调提高数据产权制度的整体效率水平。

2. 法学基础

在数据领域如果过分强调数据所有权的概念则会忽视其他大量主体在不同环节内对数据形成、加工、使用付出的资本、技术、劳动力等贡献，将极大地损伤相关主体的积极性。在目前的司法实践中，法院对相关主体的成本投入予以充分认可，通常采用商业秘密或反不正当竞争法的相关规定处理数据权属纠纷。如我国法院在审理围绕大众点评网的系列不正当竞争纠纷时指出，收集网站点评信息需要付出人力、财力、物力等大量经营成本，由此产生受法律保护的利益。但是在适用反不正当竞争解决时通常使用一般条款，其中涉及的“诚信原则”“商业道德”等判断标准弹性较大，在认定时容易产生分歧。

中共中央、国务院印发的“数据二十条”明确指出探索数据产权结构性分置制度，建立数据资源持有权、数据加工使用权、数据产品经营权等分置的产权运行机制。此种“三权分置”的中国特色数据产权制度框架借鉴权利分割理论，将作为母权利的数据所有权与作为子权利的数据使用权进行分割，淡化了数据所有权的概念，明确了数据使用权的概念，即并不需要界定数据属于谁所有，而是强调持有方、加工方、经营方均有权使用数据。明确三方的权益后，各方可以有效地参与数据资源的配置、流通与收益分配，从而提高数据资源的利用率，促进数据合规高效流通使用。

4.5.2.2 数据评估是市场化的核心环节

在明确数据产权权属问题并进行登记后，便解决了数据要素市场化数据权属不清的困境，而针对价值难以评估的困境，则需对数据评估的具体方案与流程进行理论研究，这是数据要素市场化的核心环节。浙江省温州市积极开展数据资产评估的理论研究，创新地提出将数据资产评估量化分为数据评价、价值评估和数据入表三个主要环节，为数据要素市场化的实践提供了战略层面的温州经验。

1. 数据评价

数据评价是指数据资产评价机构及其专业人员，遵守法律、行政法规和数据评价标准，接受委托分别对数据资产质量、成本、应用等方面进行评价，并出具相关的数据资产评价报告的专业服务行为。

浙江省温州市创新性地提出数据评价要素包含对质量要素、成本要素和应用要素的评价。质量要素包括但不限于准确性、一致性、完整性、规范性、时效性、可访问性等；成本要素包括但不限于前期费用、建设成本、运维成本和间接成本等；应用要素包括但不限于使用范围、使用场景、商业模式、供求关系、数据关联性以及应用风险等。基于此，开展数据评价的机构应该具备一定的专业技术能力。

2. 价值评估

价值评估是指数据资产评估机构及其专业人员，遵守法律、行政法规和资产评估准则，对数据资产价值进行评定和估算，并分别出具相关的数据资产评估报告的专业服务行为。

浙江省温州市创新性地提出价值评估办法包括成本法、收益法、市场法三种，应当结合具体情况进行选择。成本法指依据现时条件下该项数据资产在全新状态的重置成本减去该项数据资产的功能性贬值和经济性贬值，估算数据资产价值的方法；收益法指根据评估对象的预期寿命、合理的折现率以及预期收益折现，来确定数据资产价值的方法；市场法指在具有公开并活跃的交易市场的前提下，筛选并参照多个类似数据资产的交易案例，并根据数据资产特性进行对比调整，估算出数据资产价值的方法。基于此，开展价值评估的机构应该具备一定的专业财会能力。

3. 数据入表

数据入表是指将某一项目作为一项数据资产正式地记录或列入某一个体的财务报表的过程。

就数据入表的范围而言，应当以财政部发布的《企业数据资源相关会计处理暂行规定（征求意见稿）》为指引，将数据资源会计处理分为企业内部使用的数据资源和企业对外交易的数据资源两类。结合相关资产属性，对内，将企业内部使用的数据资源符合无形资产准则规定的定义和确认条件的，按照无形资产准则入无形资产；对外，将企业日常活动中持有、最终目的用于出售的数据资源符合存货准则规定的定义和确认条件的，按照存货准则入存货。

数据入表具有重要的经济效益与社会效益。对企业而言，有利于盘活数据资产价值，展示企业数字竞争优势，为企业依据数据资产开展投融资等相关活动提供依据。对社会而言，有利于促进数据流通，优化市场资源配置，促进以数据为关键要素的数字经济发展，推进数字中国建设。

4.5.2.3 数据信托是市场化的创新路径

信托起源于英美法系国家，是衡平法的一项重要制度，并为许多大陆法系国家所吸纳或认可。传统信托是指委托人基于对受托人的信任，将其财产权委托给受托人，由受托人按委托人的意愿，并以自己的名义，为受益人管理和处分财产的行为。类推来看，数据信托是指数据主体基于对数据处理者的信任，将其数据委托给受托人，由受托人按委托人意愿以及法律规定，对其数据进行管理或处分。其中，数据主体为委托人，数据处理者为受托人。

1. 数据信托的价值

数据信托是数据要素市场化的创新路径，其主要具备有利于实现风险隔离及有利于数据要素流通两方面的价值优势。

（1）有利于实现风险隔离。这是信托的传统优势，在数据信托中，设立信托的数据与委托人未设立信托的数据相区别，同时信托也不因委托人的财务或身体状况发生改变而影响信托的存续和信托意愿的实现，从而实现风险隔离。

（2）有利于数据要素流通。数据主体作为数据的持有者，可能缺乏相应的数据加工处理、产品经营等能力，难以让数据进入流通领域直接参与生产经营中的价值创造，难以充分发挥作为生产要素的作用。而通过数据信托，可以充分融合委托人的数据资源优势以及受托人的数据加工处理、产品经营等能力，从而实现数据要素市场化。

2. *数据信托的机制构建*

设立数据信托与传统信托相较，最大的阻碍在于委托人与受托人之间存在严重的信息不对称，且数据处理者作为受托人往往也是受益人，角色的混同、信任的缺失导致数据主体权益受损风险较大。

因此，数据信托应当在传统信托理论上，结合数据作为新型要素的特点进行创新改造。为破解委托人与受托人之间的信任问题，合理的数据信托机制下应当引入独立机构明确各方主体责任，筑牢信任基石。数据受托者应作为不直接处理数据的第三方主体，坚持“监督者”“保护者”“撮合者”“中介者”的角色定位。具体的数据信托机制构建仍需进一步深入的理论研究。

4.5.3 开展电力数据要素市场培育试点

4.5.3.1 电力数据要素试点培育政策法规指引

“数据二十条”提出，坚持顶层设计与基层探索结合，支持浙江等地区和有条件的行业、企业先行先试，发挥好自由贸易港、自由贸易试验区等高水平开放平台作用，引导企业和科研机构推动数据要素相关技术和产业应用创新。基于我国改革开放40年的成功经验，不断的区域性试点试错是改革成功的具体路径方式，产业园区（开发区、自贸区等）是我国在全球化竞争中主动展开的一场攻守兼备的试验。自2014年起，贵阳大数据交易所、浙江大数据交易中心、上海数据交易所、深圳数据交易所等一系列的数据交易所（中心）先后设立，在数据确权、数据定价、价值评估、数据安全、数据交易等方面积极改革试点，其中也包括了电力领域的实践与探索，为电力数据要素市场培育提供区域性试点经验。

除了上述地方数据交易所（中心）的先行试点外，温州市委市政府谋定后动、大胆改革，为深入贯彻落实中共中央、国务院出台的《关于构建更加完善的要素市场化配置体制机制的意见》以及浙江省出台的《数字经济促进条例》《浙江省公共数据条例》，在温州市瓯海区建设中国（温州）数安港，并于2023年5月揭牌“探索数据资产管理工作试点市”，着力打造国家数据要素综合试验区示范园区，在数据市场建设上探路先行，根据我国基本国情进行自主创新，制定具有我国特色的数据要素流通交易模式及规则，为改革的先行先试提供了优良的营商创新环境。

4.5.3.2 浙江省大数据联合计算中心：试点探索电力数据场内交易

中国（温州）数安港系统构建包含浙江省大数据联合计算中心在内的“九个一”工程体系，将浙江省大数据联合计算中心作为技术底座，以大数据联合计算平台作为数据流通配套技术设施，破解数据要素流动中“不会共享、不敢共享、不愿共享”等三方面问题，逐步培育形成安全合规的数据流通市场，打造温州数据产业集群新优势，形成全省乃至全国的数据安全产业基地，保证数据价值的高效流转，促进数据要素的价值发挥。

浙江省大数据联合计算中心联合某电力公司积极探索电力征信业务场景，拟利用用户用电、履约等数据，与金融机构联合隐私建模计算，将模型计算结果数据提供给金融机构，作为放款核查、信用评级和资质考核的重要参考，从而帮助中小微企业获得更低成本的融资和更加优质高效的普惠金融服务。目前，本电力征信业务场景已经通过中国（温州）数安港数据安全合规论证会。

在电力征信业务场景的基础上，浙江省温州市正在积极探索电力数据产品的流通交易。基于央行《征信业务管理办法》对信用数据“断直连”的要求，浙江省大数据联合计算中心与某金融机构与某持牌征信机构进行电力征信业务合作，开展浙江省内第一笔基于中国（温州）数安港的场内交易，某电力公司输出的电力评分先传输至某持牌征信机构，某持牌征信机构基于“数据通道”的角色定位，不参与数据深度分析，承担数据监管职责，最终将数据传输至某金融机构作为征信评分的参考。在此数据交易的过程中，浙江省大数据联合计算中心作为平台方坚持中立定位，提供中立国联合计算平台以及全流程合规服务以保障数据流通交易的安全合规，既实现了原始数据不出域的合规管理要求，又契合了数据开放应用的外部融通需求，真正实现“数据可用不可拥，安全可见又可验，结果可控可计量”，赋能数据要素价值释放。

此外，在推动实现浙江省“电力数据＋企业征信”场景的首次突破性合作后，浙江省大数据联合计算中心将以数据产权结构性分置为基础深入挖掘电力征信业务场景，进行数据产权登记以及数据资产财务入表的范式探索，在电力数据要素市场建设上探路先行，加快数据创新的步伐，探索可市场化、可规模化、可持续化的电力数据产品交易模式，推动数据产业实现更高质量的发展。

4.5.4 搭建电力数据要素市场生态联盟

电力数据要素市场生态联盟在未来不仅应是一种新型的合作机制，更应是一种有良好经济效益的组织形式。联盟以“共建、共享、共治、共赢”为宗旨，以“合法合规、公平共赢”为基本原则，结合发挥“政产学研用”的资源优势，持续拓展电力数据应用的深度和广度，实现合作共赢发展，更为区域联盟产业的发展和电力行业数字化升级起到了良好的促进作用。

4.5.4.1 联盟发展路径

在生态联盟形式上，由产业联盟向生态联盟演进。在产业联盟阶段，拓展横向联盟和纵向联盟。在横向联盟上，积极与行业协会、科研机构、高校院所、政府单位开展合作，联合攻关电力行业核心技术，推动科技成果转化落地，并推动人才资源互动互访，形成区域电力行业科技创新和科研人才培养策源地。在纵向联盟上，邀请电力产业链的上下游企业加入，这些企业既是数据的生产方也是数据的消费者，是实现数据应用价值的重要载体。通过建立覆盖政府、企业、协会、高校多方参与的产业联盟，推动产学研用深度融合，发挥数据要素市场配置作用。在生态联盟阶段，延伸产业联盟圈，全面覆盖软件开发、电力行业垂直领域布局的互联网技术（Internet Technology，IT）及数据技术（Data Technology，DT）企业、数据采集存储挖掘分析应用、电力经济研究、电力行业信息咨询、数据交易等各个要素，构建电力数据要素市场生态联盟圈。

在发展模式上，从生态合作进一步演进为生态协同。生态合作是聚合，生态协同则是聚能，只有生态协同才能形成稳定的联盟发展模式，生态协同即与联盟成员形成战略协同、资源协同和能力协同，以“三个协同”构建协同共进的生态环境，从个体主动转向集体主动，打造智能时代命运共同体，实现多元共赢。

在合作方式上，形成战略协议和场景共建齐头并进格局，以战略协议加强“显性”合作，以场景共建深化“隐性”默契。通过场景共建，形成联盟成员利益共同体，调动参与方主观能动性，真正实现数据要素变现增值。

数据要素市场生态联盟发展路径示意如图4-18所示。

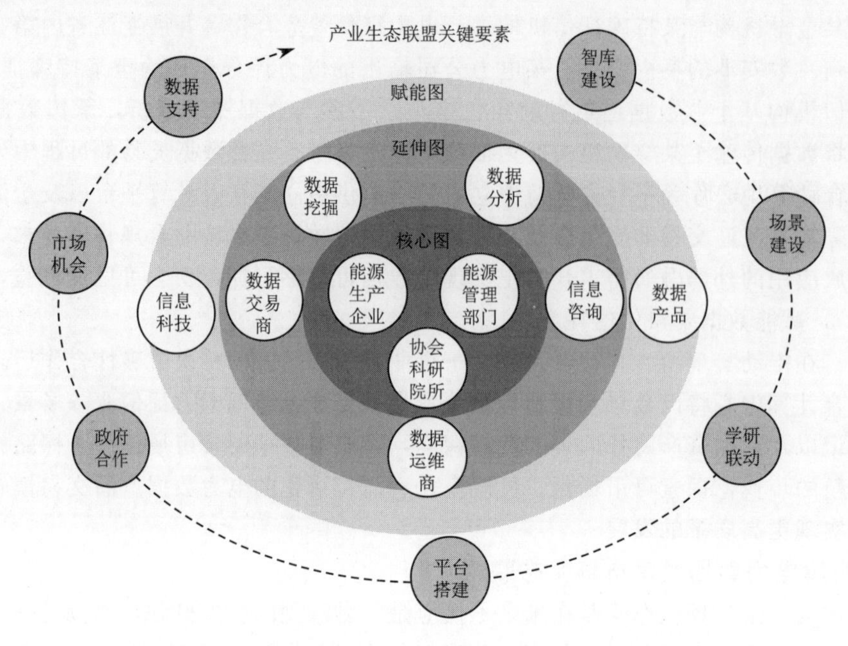

图4-18 数据要素市场生态联盟发展路径示意图

4.5.4.2 联盟运行机制

未来要真正实现电力数据要素的经济价值，应尽可能地推动电力数据的开放共享而不是封闭式管理，从构建信任机制、规范数据描述、保障数据隐私安全、合理分配各方利益等方面促进联盟内各方的数据要素流通共享。

构建信任机制。电力数据要素市场生态联盟成员之间的合作是建立在相互信任的基础上，通过搭建以电力数据共享为基础的平台，实现政府、电力企业、信息咨询、数据采集商、大数据服务方与数据使用者在电力产业链的数据化，激活产业链联盟成员在业务运营当中积累的数据以实现部分数据对接，电力数据共享平台使得联盟成员间的竞合关系更加紧密。

规范数据描述。建立一套开放共享的标准，提高分布在不同系统中异构数据仓库的开放共享效果，加快元数据体系构建，为各种形态的数字化信息单元和资源集合提供规范、普遍的描述方法和检索工具，其对数据集的描述越全面规范，数据开放共享的效果就越好。在统一、安全、规范框架下运行电力数据管理有助于实现各级各类信息系统的网络互联、数据集成和资源共享，加大规划和投资数据流通、存储、处理的配套技术设施建设力度等。

保障数据隐私安全。创造良好的数据生态环境，通过产业联盟为电力数据及数据主体要素创造良好的电力数据要素市场生态环境，如提供隐私保护和数据安全保障，完善相关制度标准，健全奖惩机制。此外，联盟应推动成员数据保护技术的广泛研究与应用。

合理分配各方利益。建立有效的利益分配制度，生态联盟成员关系稳定很大程度上取决于利润分配制度。要确保各联盟成员通过有偿形式获取电力数据共享平台上的数据而获得相应收益，且根据公平原则对其共享的数据进行一定质量核算。这里的收益不仅仅指经济利润，还包括知识产权、数据运营经验、商誉、管理提升等间接利益。

4.5.4.3 联盟支撑技术

电力数据要素市场生态联盟是在数据安全流通的基础上成立的，所以未来电力数据要素市场生态联盟的构建需要基于区块链技术、隐私计算技术等构建保证数据隐私安全的多方融合创新合作的数据空间。

身份认证技术。典型的身份认证技术包括口令认证技术和 Kerberos 身份认证技术。口令认证技术即用户输入自己的口令，计算机验证并给予用户相应的权限。该技术简单易用，适用于小型封闭型系统。但由于密码是静态的数据，每次验证使用的验证信息都是相同的，容易被驻留在计算机内存中的木马程序或网络中的监听设备截获，因此安全性低。可通过静态口令动态口令结合方式，构成无法复制和识别的安全密码，从而解决安全性低的问题。Kerberos 身份认证技术是一种网络身份验证协议，使用对称加密机制，通过密钥加密技术为客户端/服务器应用程序提供强身份验证。该方式灵活、高效，但只能保护数据安全性，不保证数据完整性。通过身份认证技术，实现空间参与者可信认证。

可信存证技术。基于区块链技术，实现按场景协议执行、数据可溯源可控制。区块链技术具有去中性化、透明开发、状态一致、强依赖密码学等特征，能够实现在多方共识的基础上保持数据一致，防止数据被篡改，并可对基于数据的应用全过程进行溯源。

数据管理技术。在省级隔离区（Demilitarized Zone，DMZ）建立可信协作模型。探索多方可信的协作机制，改善联盟内部结构的安全特性，建立基于可信联盟的多 Agent 协作模型，实现数据隐私安全的多方协作融合建模。通过改进传统分布式 Agent 系统内部结构阐述基于角色管理的联盟机制，将信誉概念用于生态联盟，并设计把复杂问题分解的动态联盟机制和独立的信任评价体系。数据管理技术如图 4-19 所示。

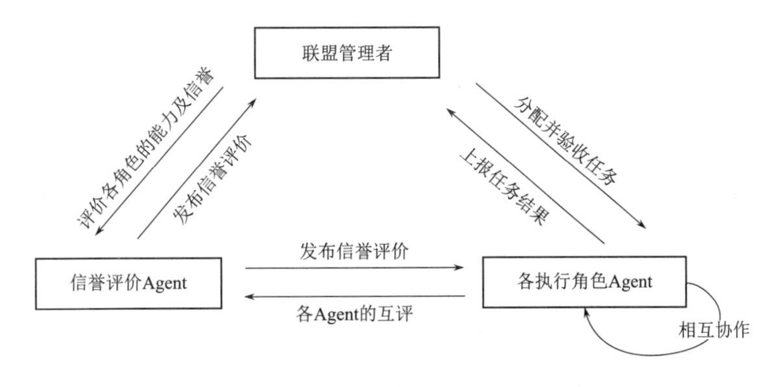

图 4-19 数据管理技术示意图

4.5.4.4 联盟活动方式

未来，联盟在活动方式上应当参与电力数据行业权威性论坛。在平台上进行主题发言，发布主要成果，形成示范效应吸引省内外电力数字化开发及服务企业。

联盟应举办行业活动如开发者大赛、主题论坛、研讨会、竞赛等活动，广泛培育云南本地电力数字化开发及服务企业，大力引进省外有效电力数字化开发及服务企业，培育和引进合作的电力数字化企业。

联盟应参与电力行业标准制度的编制。其应主动占位，积极组织参与行业标准、政府政策的起草工作，提升联盟话语权。同时，行业标准的制定可以避免行业内的恶性竞争，提高竞争门槛，从而促进行业整体发展水平和产品质量的提升，并以此增加联盟在政府和公众心中的信任度和权威性。

4.5.5 强化电力数据要素安全管理能力建设

强化数据要素安全管理能力即提升数据输入、加工、处理、输出等环节的安全管理能力，确保数据处理的技术手段符合法律规定的技术要求。

“数据二十条”、《数字中国建设整体布局规划》的出台指明了数据安全管理能力建设的方向。众多理论研究和实践经验总结出数据安全管理建设的核心关键点为：①策略目标制定，即根据外部监管和内部刚需，开展数据安全保护策略和目标的设定；②战略制定，即根据数字化组织发展所处不同阶段制定总体战略、目标和策略；③现状评估，即根据数字化组织发展所处不同阶段，开展数据评估、安全评估和数据安全能力成熟度评估；④蓝图规划，即明确现状和目标，开展差距分析、需求分析，进行总体规划，并明确保障机制达成总体规划需要的资源；⑤实施路径规划，即根据组织实际情况，落地演进路径，明确行动计划和关键任务；⑥把握数据资源、数据资产、数据流通、数据交易等四个阶段，不同阶段评估和评价方法不同。数据安全管理建设的核心关键点对数据安全管理能力的建设起到提纲挈领的指导作用。

具体而言，数据要素安全管理能力包括技术能力、合规能力、人员能力三个方面。

4.5.5.1 技术能力

技术能力是在技术层面上强化数据要素安全管理能力建设的要求，技术安全是数据安全的基线。未来在数据安全管理能力建设的执行过程中，需要建立与制度流程相配套并保证有效执行的技术和工具。

在满足个人信息保护、等级保护、关基保护、数据安全法、密码保护、F级保护、商密保护、行业规范等法律法规、标准规范的基础上，做到从数据采集、数据传输、数据存储、数据处理、数据加工、数据共享、数据交换、数据交易、数据销毁的全生命周期合规。在工具能力方面，围绕数据全生命周期构建分类分级、数据标签、密级标识、隔离交换、加密传输、数据网关、策略矩阵、存储加密、访问控制、隐私保护、数据授权、数据脱敏、零信任、行为授权、操作审计、打刻审计、数据水印、数据防泄漏、介质管控、备份恢复、数据清除、剩余信息保护等数据安全能力。

同时，聚焦人工智能等前沿技术在数据安全方面的应用，可以运用在数据的收集、清洗，以及数据分类分级、脱敏、加密、防泄露、数据安全运营等诸多领域，以提高数据安全检测监测、分析、防御效果，帮助围绕数据资源目录做好数源标识、数据标识、权益标识、流通标识，围绕实体数据底账做好产权证明、权益证明、交易证明。

与制度流程相配套并保证有效执行的技术和工具以及规章规范可用数据安全场景-前沿技术图谱表示，如图4-20所示，以全方位地构建数据安全防护能力。

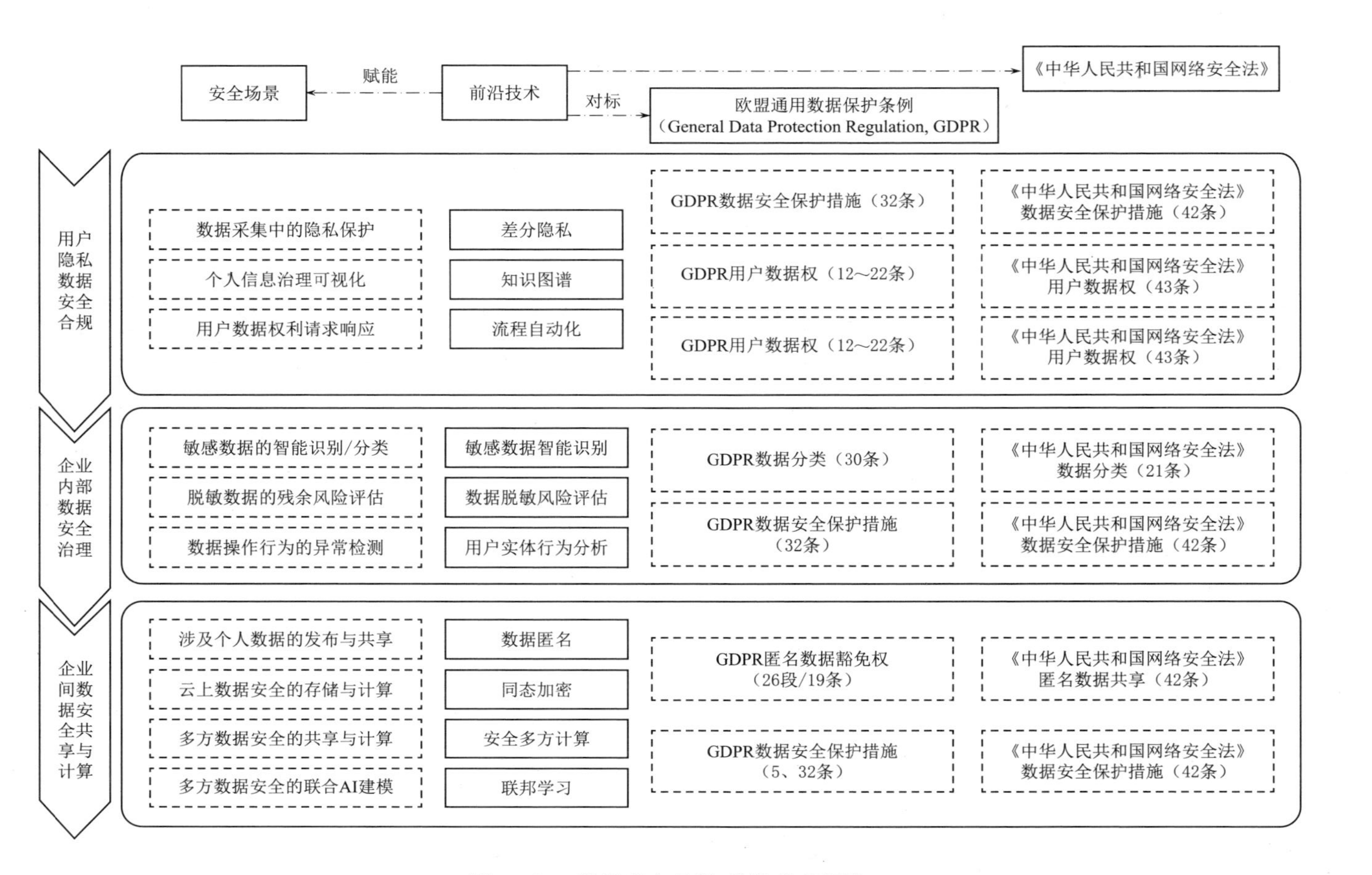

图 4－20　数据安全场景-前沿技术图谱

4.5.5.2　合规能力

合规能力是在法律层面上强化数据要素安全管理能力建设的要求，未来合规能力的建设中最重要的是对数据安全进行安全合规评估。

对数据安全进行安全合规评估需要站在企业级数据共享和应用的视角，以合规要求为前提，以业务流程为中心，以企业的基础安全作为基础，以满足业务用数需求为驱动，以数据生命周期及数据应用场景两个维度为入口进行数据安全合规评估。安全合规评估策略框架如图 4-21 所示。

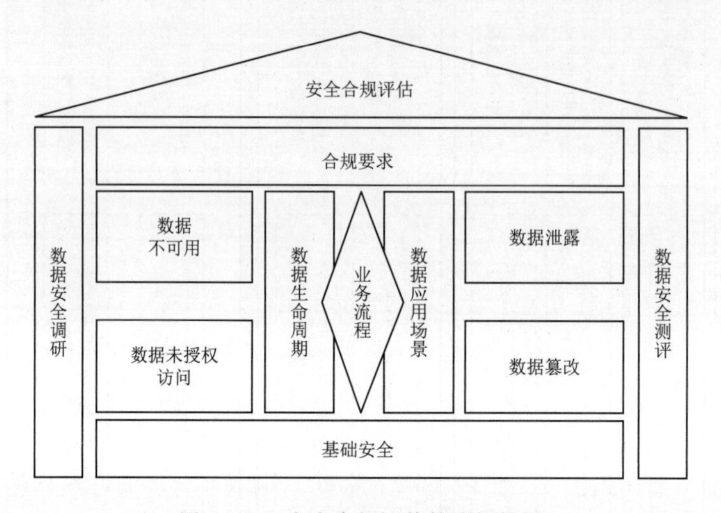

图 4-21　安全合规评估策略框架图

数据生命周期涵盖收集、传输、存储、处理、共享、销毁共六个阶段，针对数据全生命周期的安全管理是企业开展数据安全管理的核心和难点工作。在构建电力数据要素市场的过程中，应结合电力行业自身的特征，突出以数据安全为核心的安全合规评估机制，提升数据安全合规保护能力，强化数据安全合规评估和安全审查，促进数据安全与业务融合，实现数据全生命周期安全防御。目前我国已经为数据要素安全合规评估提供了一系列的国家标准，在电力数据要素安全合规评估中也应当予以参考。

就数据应用场景而言，应当结合数据应用的不同场景的特征，针对每一个具体场景进行安全合规评估。如中国（温州）数安港创新性地创办数据安全合规论证会，会议邀请专家委员会专家代表、数据安全合规工作组成员参加，联合指导数安港内合规审查主体的数据处理活动。数据安全合规论证会上，数据场景申报单位将从场景概要、架构详述、技术方法等方面展开全面介绍。大会专家及相关职能单位听取汇报后展开积极讨论，从场景可行性、流通性、合规性等多方面进行论证，对联合计算场景可能存在的法律风险逐一排查，形成统一的审查意见。目前，基于“中立国”“领事馆”“数安云”的大数据联合计算平台架构，中国（温州）数安港已举行多期数据安全合规论证会通过了多方联合画像统计、智能用户找回、统计报告用于金融、电力征信业务场景等在医疗健康、城市治理、精准营销、金融服务等领域的多个联合计算场景，并发放“联合计算场景评审证书”，为应用场景合规、数据要素市场化交易提供保障，不断增强数据要素安全能力。

实践中应该注意：①聚焦数据本身，实现细化到数据库、表、字段的专而深的安全监测，覆盖数据防泄露、数据访问控制、安全登录、数据操作、数据流动、应用程序编程接口（Application Programming Interface，API）等；②针对数据安全事件，落实数据管理员、系统管理员、安全管理员、IT 配套技术设施管理员等不同角色之间的分层响应；③协同多方人员开展综合分析研判，深度分析数据服务停止、数据篡改、误操作/恶意行为、数据泄露、越权访问、数据勒索、数据违规外发等的根本原因；④基于协同研判分析结果，开展安全策略核查、数据违规阻断、恢复服务/系统/数据、冗余备份安全加固、最小授权等联合处置工作。通过对以上问题的注意，对数据要素安全风险进行评估，对数据安全管理能力进行建设和完善。

4.5.5.3 人员能力

数据安全管理能力建设应当由具体人员来管理实施，与涉及数据安全的治理层、监管层、管理层、运营层、技术层、数据层的若干关联角色，即数据所有者、数据监管者、数据提供者、数据使用者、数据运营者、安全审计员、安全管理员、系统管理员等，其安全防护意识和业务水平决定着数据安全防护方能力的强弱，相关从业人员的遴选与培训，是未来数据安全管理能力建设重要的不可或缺的一环。

2021 年 10 月，根据中华人民共和国工业和信息化部公告（2021 年第 21 号），《大数据从业人员能力要求》（SJ/T 11788—2021）行业标准正式发布，标准实施日期为 2021 年 11 月，从业人员的遴选和培训可据此甄别。

SJ/T 11788—2021 规定了大数据产业从业人员的职业种类和等级、能力要素、能力要求和评价方法，适用于大数据产业从业人员的岗位能力培养和评价。该标准将大数据人员划分为大数据处理、大数据分析、大数据系统、大数据管理、大数据安全、大数据服务六类岗位方向，设立了数据采集工程师、数据管理工程师、数据建模工程师、数据系统工程师、数据安全工程师和数据咨询师等 10 个具体岗位，每个岗位分为初级、中级、高级三个等级。标准中按知识、技能和经验三个维度提出了大数据从业人员岗位能力要素。该标准为大数据从业人员能力培养、职业发展等活动提供了评价依据。

4.5.6 推进电力数据要素市场配套技术设施建设

从国家发展战略层面，保障电力数据要素市场的高效运行，需要搭建支持数据供给、流通、应用的配套技术设施，而电力数据价值化的不同环节也对配套技术设施提出了独特要求。数据供给环节依赖埋点检测、云服务与数据库等收集存储技术，更关注数据质量与调用实时性；交易流通环节作为数据要素市场的核心，依赖“数据可用不可见”“数据可算不可识”技术，以期在数据安全的情况下实现可信交易；分析应用环节依赖云计算、人工智能等数字技术与数据分析技术，重点在于数据的价值实现。结合国家发展战略与电力数据要素市场现状，未来一系列技术服务的供给商与大数据中心等配套技术设施应当作为电力数据要素市场的“使能者”，促进电力数据的处理、流通、分析、应用，发挥电力数据潜在价值。

4.5.6.1 建立可信可追溯的电力数据要素流通设施

“数据二十条”第九条中提出“规范各地区各部门设立的区域性数据交易场所和行业性数据交易平台”，就电力数据要素市场而言，未来应建立电力行业性数据交易平台作为电力数据要素流通设施。

1. 数据交易流程

未来数据交易的流程中，所有意向成员均需在线填写成员注册信息，并提交所需注册材料，通过审核之后获取交易账号。数据产品在上架前首先需要进行挂牌前准备，包括合规评估、质量评估、交易审核，合规审核后的产品可以完成挂牌动作。当市场上出现挂牌的产品和需求后，通过交易撮合、第三方经纪服务，达成数据交易合约。合约达成后，通过数据供给方或电力数据要素市场通过线上、线下数据共享或多方安全计算、联邦学习的环境中完成交付，交付动作结束之后进行清算。交易合约履行完成后，电力数据要素市场会发放完结凭证。如果在整个交易过程中或事后产生争议，也可以通过仲裁、法院等方式进行解决。

2. 数据交易平台功能

未来电力行业性数据交易平台电力数据交易服务平台应当具备以下几项基本功能：①供求信息管理功能；②交易数据计费管理功能；③数据交易审计功能；④数据交易日志管理功能等。四项基本功能具体应依托数据商务服务系统、数据交易系统、全局信息存证系统统筹完成。

(1) 数据商务服务系统。未来数据商务服务系统供企业发布数据及数据产品服务的供应、求购信息、数据产品和服务信息等。

交易前提供评估服务，主要功能有：①质量评估，全方位、多维度评估数据产品质量，出具专用质量评估报告；②合规评估，多角度、深层次评估数据产品合规性，出具专业合规评估报告；③资产评估，高效化、智能化评估数据产品价值，出具专有资产评估报告。

交易中提供信息发布与查询服务，主要功能有：①联合查询，实现供求信息发布、供求信息管理、供求信息搜索查询，实现企业信息查询，实现相关数据产品的特点、特征、输出参数、交付形式以及交付频率、交易支付方式等信息查询，提供数据驱动的一站式全链路智能查询，助力数商高效查询信息；②联合识别，基于数据交易全流程节点信息，深入挖掘数商各项行为特性，准确识别风险请求，构建丰富的风险标签；③联合建模，集数据导入、数据预处理、模型训练、模型评估、模型发布等功能于一体，提供一站式全方位的建模流程。

交易后提供交易核验和仲裁纠纷，高效便捷、公正专业地在线解决数据交易纠纷。

(2) 数据交易系统。未来交易协议的达成应当通过数据交易系统实现。数据交付方式由供需方经协商后，通过线上、线下数据共享进行，其中线上数据共享可通过电力数据要素市场提供的可信接口进行。

(3) 全局信息存证系统。未来应当对数据交易中产品合规登记、挂牌申请、数据挂牌、交易协议达成、清结算全过程信息进行存证。

3. 数据交易平台细则

未来应当建立数据用途和用量控制制度，实现数据使用“可控可计量”。规范培育数据交易市场主体，发展数据资产评估、登记结算、交易撮合、争议仲裁等市场运营体系，稳妥探索开展数据资产化服务。探索“原始数据不出域、数据可用不可见”的交易范式，在保护个人隐私和确保数据安全的前提下，分级分类、分步有序推动部分领域数据流通应用。具体而言，数据交易平台的规则包括如下方面：

（1）交易凭证申请。交易凭证申请包括申请条件、信息核对、撤销条件等具体细则。

（2）交易合约规则。交易合约规则包括数据交易双方签约流程、签约方式及相关协议内容等实施细则。

（3）交易结算规则。交易结算规则包括双方付款模式、付款条件、对账结算等实施细则。

（4）数据交付规则。数据交付规则包括交付模式和实现方式。

（5）产品挂牌规则。产品挂牌规则包括挂牌申请、信息填报、材料审核等实施细则。

（6）产品合规评估规则。产品合规评估规则包括规范数据产品信息的表达与展示、完善法律风险防控机制、细化完善提交资料和报告审查等具体规则，明确数据产品持有者的权利义务边界。

4.5.6.2 推进电力数据要素算力配套技术设施统筹布局

电力数据要素算力配套技术设施是电力数据要素市场发展的技术基石。应当统筹布局建设电力数据要素一体化算力网络节点，发展电力数据中心集群，引导数据中心集约化、规模化、绿色化发展。目前我国已经初步建立了一些电力数据要素算力配套技术设施，例如：南方电网基于南网云定制化搭建区块链平台，快速构建稳定、安全自主可控的生产级区块链环境，现已获得有效进展并开展多方位业务应用试点；国家电网于 2021 年 4 月上线了“新电力云”，其目标是建立一流的大数据云计算新电力管理平台。平台设计了消纳能力计算平台、规划计划平台等 15 个子平台，涵盖源—网—荷—储各环节，建立“全环节、全贯通、全覆盖、全生态、全场景”的新电力开放服务体系。平台已实现接入各类电力数据通道，包括风光新电力、煤、油、热能等种类的电力数据，汇聚电力全产业链信息，为政府和社会提供全方位支撑服务。截至 2022 年 9 月，其已接入新电力场站 283 万余座、5.5 亿 kW，注册用户超过 30 万个，服务各类企业超 10000 家。未来，电力数据要素算力配套技术设施的发展战略应围绕强化数字转型、智能升级、融合创新支撑，加快推进数据中心、智能计算中心等算力配套技术设施的建设，提高整体电力数据计算能力。

4.5.6.3 提升电力数据安全存储与算力资源调度能力

电力数据的安全存储和算力资源的调度是电力数据要素市场发展中至关重要的一项任务，也应当作为未来电力要素配套技术设施建设过程中的重中之重。

首先，保证电力数据的安全存储是发展电力数据要素市场的前提。电力数据包括各种实时监测数据、供电负荷预测数据、设备运行数据等，这些数据对于电力系统的运行和管理至关重要。传统的数据存储方法已经不能满足日益增长的数据量和快速变化的数据类型。因此，采用先进的存储技术和数据管理系统是必要的。例如，云存储和大数据平台可以提供可靠的存储和管理方案，确保数据的安全性和完整性。同时，加强数据加密和权限控制，只有经过授权的人员才能访问敏感数据，从而最大程度地保护电力数据的安全。

其次，优化算力资源调度能力是提升电力数据要素市场效率的关键。电力系统的运行和管理需要大量的计算资源进行数据分析、模拟和优化。传统的计算资源调度方法可能会面临资源利用不足或浪费的问题。应当推动算力、算法、数据、应用资源集约化和服务化创新，加强云算力服务、电力数据流通、电力数据应用、安全保障等方面的探索实践。实现大规模算力部署与土地、用能、水、电等资源的协调可持续，重点提升算力服务品质和利用效率，充分发挥资源优势，夯实网络等基础保障，为全国范围内的电力数据要素加工、存储备份等算力需求提供保障。

为提升数据安全存储与算力资源调度能力，浙江省大数据联合计算中心以大数据联合计算平台作为数据流通配套技术设施，迭代升级构建“中立国”软件即服务（Software as a Service，SaaS）云端版、“领事馆”私有化部署版、“数安云”全流程托管版，实现了“数据可用不可拥，安全可见又可验，结果可控可计量”，在激励相容机制下追求数据的相对安全，保证数据价值高效流转，促进数据要素的价值发挥。其中：①大数据联合计算平台“中立国”模式系“领事馆”模式和“数安云”模式的基础，相较于市面上传统的隐私计算技术，其最大的优势在于作为一个具有公信力的平台方提供中立安全环境，进行资质数据审核、模型算法审核、输出结果审核的“三审核”以及角色权限隔离、各方数据隔离、人员数据隔离的“三隔离”，保障了数据持有权和使用权分离，打消了数据协同计算参与方对数据融合安全性的顾虑与不信任问题；②大数据联合计算平台“领事馆”模式相较于“中立国”模式而言，最大的升级与迭代之处在于通过私有化部署的方式和一站式数据安全保障服务，实现了“原始数据不出域”的要求，从而实现了数据的增能；③大数据联合计算平台“数安云”模式相较于“中立国”与“领事馆”模式而言，其核心能力是通过全流程托管模式打通数据源方的业务系统与联合计算平台，赋能使用方业务系统，帮助数据源方一站式完成硬件、业务系统的安全合规改造，帮助数据源方在合法合规的前提下支持更多场景的数据要素开放。

第5章

电力数据要素市场的技术现状与趋势

电力数据要素市场的技术体系针对电力数据特点进行顶层设计和平台化实现，包括数据采存、数据治理、数据计算、数据流通和数据安全等核心环节。数据采存是基础，数据治理是保障，数据计算是提升，数据流通是目的，数据安全是底线并贯穿整个电力数据要素的生产、管理和应用等各个环节。

电力数据要素市场的技术体系是大数据技术在电力数据要素市场的具体应用。针对电力数据规模巨大、时序性强、颗粒度细和安全性要求等特点，电力数据要素市场的技术体系主要采用了高速采存、流批一体计算、隐私计算、区块链、数据治理体系和全链路多层次安全防护等技术，并且呈现一体化和平台化趋势，保证电力数据成为生产要素，参与市场交易，支撑各种应用。

5.1 数据采存

5.1.1 数据采集

在数据采集方面，随着电力系统的规模不断扩大、设备类型不断丰富、设备数量快速增长，以及新型电源、负荷设备的不断涌现，各种一次、二次、辅控、环境监测对象越来越多，采集电力数据的种类和规模呈指数级增长，高速化、微型化和智能化成为数据采集装置及系统的发展趋势。

1. 高速化技术

为实现各类电力数据的高速采集和传输，各类智能采集装置通常采用高速采样和传输技术，以实现实时监测和快速响应。例如：①采用高速模数转换器（High - Speed Analog to Digital Converter，High - Speed ADC）、基于微机电系统（Micro-Electro-Mechanical System，MEMS）的智能电表高集成度微控制单元（Microcontroller Unit，MCU）芯片、基于现场可编程门阵列（Field Programmable Gate Array，FPGA）的高速采集卡等高速采集技术，将采样率从过去的几十到几百赫兹提高到几千赫兹甚至更高；②利用高速通信协议，如国际电工委员会（International Electrotechnical Commission，IEC）的 IEC 61850、Modbus、分布式网络协议 3（Distributed Network Protocol 3，DNP3）以及电气和电子工程师协会（Institute of Electrical and Electronics Engineers，IEEE）的 IEEE 802.3 和高速网络（高速以太网、无线局域网、4G、5G 等）实现高速的数据传输。

2. 微型化技术

依托微型化技术，设计各种采集装置、智能电表及安装使用环境，实现其体积小巧，安装方便。采用高度集成化的芯片，实现采集、传输、安全防护等多功能集成，减小总体尺寸，提高性能，以适应各种复杂的环境和应用需求。例如，目前广泛使用的智能电表，采用了小型化的芯片和封装技术，以减小体积、减轻重量。此外，结合柔性电路板和可折叠式设计，还可以适应不同形状和尺寸的安装空间。

3. 智能化技术

智能化是电网信息采集设备的最重要的发展方向之一。目前还是以在采集终端集成智能化技术为主，通过内置的微处理器和通信模块，结合多种数据采集，实现数据的自主学习和自主决策。自动识别和响应电网中的各种事件和异常情况，通过网络通信与其他设备进行协作和互动。例如，一些智能化的故障定位设备可以通过采集故障电流和电压信号，自动识别故障位置，并向维护人员提供准确的故障信息。

随着无线传感技术、物联网技术、云边协同技术的发展，智能化呈现出云边协同、边边协同发展的趋势。通过无线传感器网络（Wireless Sensor Networks，WSN）实时监测电力系统的运行状态；通过物联网技术（Internet of Things，IoT）实现各种设备之间的互联互通，对设备状态、能源使用情况和电力负荷等数据的实时监测和管理；通过大数据技术，在云端对边端采集数据进行分析和处理，帮助提取有用的信息，发现潜在问题，通过远程控制或者空中下载技术（Over The Airtechnology，OTA）升级，提升边设备智能化水平。

5.1.2 数据存储

在数据存储方面，闪存技术创新加速高性能存储介质发展；软件定义和超融合引领分布式存储架构持续升级；湖仓一体存储系统成为主流方向。

1. 高性能存储介质

固态硬盘（Solid State Drive，SSD）。固态硬盘是一种基于闪存的存储设备，具有速度快、能耗低、噪音小的特点，可作为电力关键数据的存储介质，以便快速访问和分析。如电网营销、维护、物资、调度和管理等方面的核心数据。

光纤通道磁盘。光纤通道磁盘通过光纤通道连接，可以提供更快的数据访问速度和更高的吞吐量。它们通常用于需要高速性能和低延迟的场合，例如数据中心和服务器农场。在电力数据存储中，光纤通道磁盘可以用于存储电网调度运行、电网实时/历史运行数据和关键系统日志等数据。

磁带库。磁带库通常用于需要大容量存储和低成本存储的场合，例如归档和备份。在电力数据存储中，磁带库可以用于存储历史数据和归档数据，以降低存储成本。

2. 分布式存储架构

电力数据种类繁多，数据量巨大，时效响应要求高，对数据存储的高可靠性、高性能、高扩展以及面向云架构的延伸能力等层面提出了更高的要求。软件定义存储（Software Defined Storage，SDS）和超融合分布式存储为电力数据的存储要求提供了新型技术解决方案。

软件定义存储将所有存储相关的控制工作都从硬件存储中抽象出来，并作为计算机操作系统（Operating System，OS）或虚拟机的一部分，变成一个不受物理系统限制的共享池，以便于最有效地利用资源。软硬解耦、易于扩展、自动化、基于策略或者应用的驱动是软件定义存储的特征。对于电力数据存储应用来说，不限制上层应用，不绑定下层硬件，可以在同一个平台中提供块、文件、对象 Hadoop 分布式文件系统（Hadoop Distribute File System，HDFS）等存储服务，实现异构数据的协议互通，非常适合电力数据这种超大规模、业务复杂、服务对象多样、数据服务弹性要求高的场景。

软件定义存储需要使用超融合基础架构（Hyper Converged Infrastructure，HCI）作为基础。超融合基础架构是一种软件定义的 IT 基础架构，它可虚拟化常见“硬件定义”系统的所有元素，不单包括计算、网络、存储和服务器虚拟化等资源和技术，还包括备份软件、快照技术、重复数据删除、在线数据压缩等元素，而多套单元设备可以通过网络聚合起来，实现模块化的无缝横向扩展（scale-out），形成统一的资源池。超融合基础架构继承了融合式架构的一些特性，同样都是使用通用硬件服务器为基础，将多台服务器组成含有跨节点统一储存池的群集，来获得整个虚拟化环境需要的效能和容量扩展性与数据可用性，可透过增加群集中的节点数量，来扩充整个群集的运算效能与储存空间，并透过群集各节点间的彼此数据复制与备份，提供服务高可用性与数据保护能力。而为能灵活地调配资源，超融合基础架构也采用了以虚拟机为核心，软件定义方式来规划与运用底层硬件资源，然后向终端用户交付需要的资源。

常见的软件定义存储解决方案有华为云的基于 Kubernetes 的容器存储、Ceph、GlusterFS、OpenStack Cinder、Red Hat Ceph Storage、VMware vSAN、Microsoft Storage Spaces 等。各种解决方案基本使用分布式存储技术，提供了对象存储、块存储和文件系统等接口，通过将数据分布在多个节点上，实现高可用性和可扩展性。部分商用产品还集成了数据智能处理和分析能力，简化了海量数据处理所需的基础设施，帮助客户实现数据互通、资源共享、弹性扩展、多云协作，有效降低用户的使用成本。

3. *湖仓一体存储系统*

数据湖是一个集中式存储库，允许以任意规模存储所有结构化和非结构化数据。从本质上来讲，数据湖是一种企业数据架构方法，物理实现上则是一个数据存储平台，用来集中化存储企业内海量、多来源和多种类的数据，并支持对数据进行快速加工和分析。

数据仓库是一个面向主题、集成、稳定、可变的数据集合，用于支持企业的决策制定和分析需求。其主要目标是将分散在企业各个部门和系统中的数据整合起来，提供一个统一的数据视图，以便用户可以方便地进行数据分析、报告和决策支持。数据仓库通常采用 ETL（抽取、转换和加载）过程将数据从各个源系统中提取出来，并经过清洗、转换和加载到数据仓库中的数据模型中。

对电力数据（包含结构化数据、文件、时序数据、视频、图像、音频等）而言，数据湖适用于各种业务系统的存储，数据仓库更适合电力数据横向和纵向、内部和外部的分析、应用和存储。因此湖仓一体存储系统是电力企业数据要素管理应用的理想解决方案。

以大数据开发治理平台（如 Dataworks、StarRocks 等工具）为纽带，提供一系列工具和功能，用于数据清洗、数据集成、数据转换、数据治理、数据分析和数据可视化等任务，统一处理云平台和第三方的 Hadoop 离线大数据、SQL 数据、Spark 实时数据、Flink 流数据、Cache 缓存数据、操作支撑系统（Operation Support System，OSS）对象数据和在线分析处理（On-Line Analysis Processing，OLAP）在线数据分析，并集成异构云平台和各种专有云平台，最后为用户提供运维门户、业务门户和管理门户。

湖仓一体存储系统是一种新型的开放式架构，它打通了数据仓库和数据湖，将数据仓库的高性能及管理能力与数据湖的灵活性融合了起来，具有高可靠性、高扩展性、高性能、多样化的数据访问接口和弹性存储能力等特点，适用于电力大数据的数据存储和处理场景。

高可靠性。湖仓一体存储系统采用分布式存储和冗余备份机制，能够实现数据的高可靠性和容错性。即使某个节点或磁盘发生故障，系统仍能保证数据的完整性和可用性。

高扩展性。湖仓一体存储系统可以方便地进行水平扩展，通过增加存储节点和磁盘，可以实现存储容量的快速扩展，满足不断增长的数据需求。

高性能。湖仓一体存储系统采用了分布式计算和并行处理的技术，能够充分利用多个存储节点和磁盘的计算和存储资源，提高数据的读写速度和处理能力。

多样化的数据访问接口。湖仓一体存储系统支持多种数据访问接口，包括文件系统接口、块存储接口和对象存储接口，可以满足不同应用场景下的数据访问需求。

弹性存储能力。湖仓一体存储系统能够根据数据的访问频率和重要性，自动将热数据存储在高性能的存储介质上，将冷数据存储在低成本的存储介质上，实现存储资源的弹性配置和优化。

5.2 数据治理

电力数据涉及调度、营销、生产、财务、管理等各个业务，种类包括实时量测数据和业务管理数据等结构化数据，还有图片、视频、文本、声音等非结构化数据，数据来源于各种业务系统、采集装置和管理系统，存在数据标准不统一、数据质量不一致等问题。当电力数据上升为数据资产，要参与到数据要素市场的时候，数据治理成为数据资产化的关键步骤。

当前，电力数据治理和数据平台一体化建设成为主流。电力企业都采用数据中台的模式实现对数据的统一管理、分析、共享和应用。数据中台通常包括数据源层原始数据（Operational Data Store，ODS）、数据明细层（Data Warehouse，DW）、数据汇总分析层（Data Mart，DM）和数据应用层（APP），分别完成原始数据导入、数据维度建模与数据明细梳理、数据初步汇总分析和数据分享应用等工作。

数据治理要采取治理方法论与平台工具相结合的模式进行，需要完善数据管控体系，进行数据管控组织、流程、标准和技术支持的统一规划设计，建立数据治理长效机制；统一数据来源，确保关键共享数据的一致性，建立企业层面统一数据视图。通过标准化满足数据实时性、准确性需求，提高工作效率，降低数据管理、维护、集成成本。同时，通过数据治理平台将规范、流程和标准进行固化，实现常态化数据治理。

数据治理平台包括基础管理、数据建模、数据转换、数据维护、数据清洗、数据规则管理（规则引擎与数据发布）和监控统计等功能，数据治理系统功能架构如图 5－1 所示。

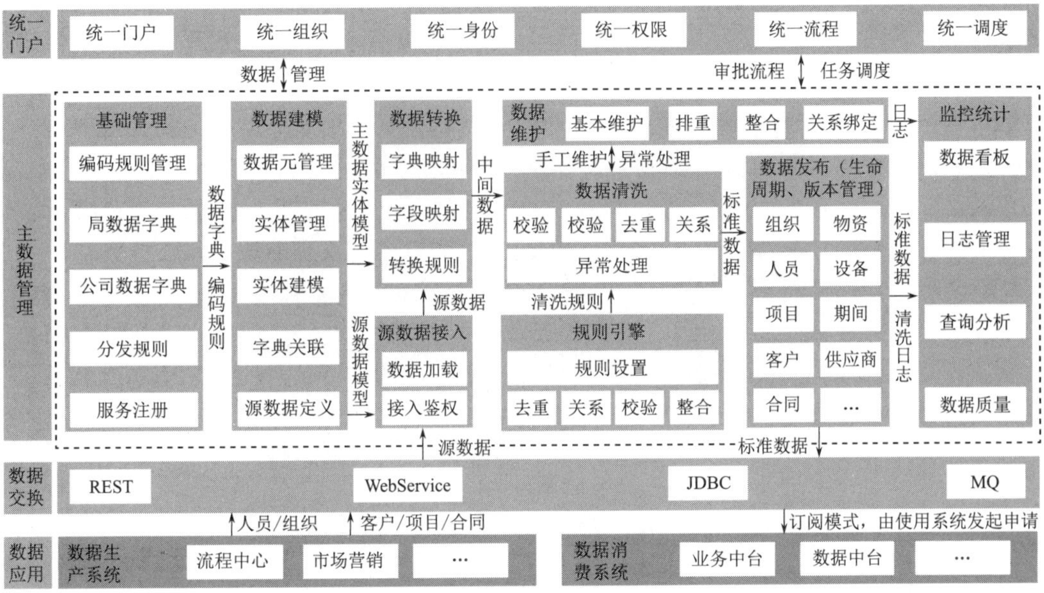

图 5－1　数据治理系统功能架构

数据治理的工作主要包括制定数据治理标准、监测数据全链路和提升数据可用率三项。制定数据治理标准是基础，监测数据全链路是前提，提升数据可用率是目标。

5.2.1　制定数据治理标准

“数据治理，数据标准先行。”数据标准落地结合数据建模和数据质量控制前置，贯穿事中和事后，形成闭环管理体系。电力数据指令可以从业务、安全等角度制定数据质量标准。从业务的角度，可以参照 SG-CIM 等电力数据公共信息模型，按照不同的业务域，从数据的准确性、完整性、一致性、唯一性、连续性、可追溯性和可用性等制定数据治理标准。

5.2.2　监测数据全链路

针对“总部一省侧”的两级数据中台部署架构。电力数据平台的数据全链路监测技术为持续提升数据链路的高效稳定运行能力，为核心重点业务应用提供可靠的数据服务保障，快速构建数据治理管理支撑能力，实现从源端数据采集，到贴源层、共享层和分析层数据加工全过程状态监测，全面提升完善数据中台全链路监测能力，构建两级中台覆盖链路监测告警体系。

针对中台业务种类多、产品组件多、归集分类难等问题，需要全链路血缘关系监测、数据状态监测、组件状态监测等技术。针对中台数量大、链路长、任务多，任务运行状态，数据交互、存储、应用均无感知和反馈机制等问题，需要链路问题实时发现和处理技术、事前预警和事中告警的监测分析技术，建立源端、中台、应用三方监测体系，实现业务源端与中台建立起有效协同机制，数据全过程“零差异”。典型的数据全链路监测架构示意如图 5－2 所示。

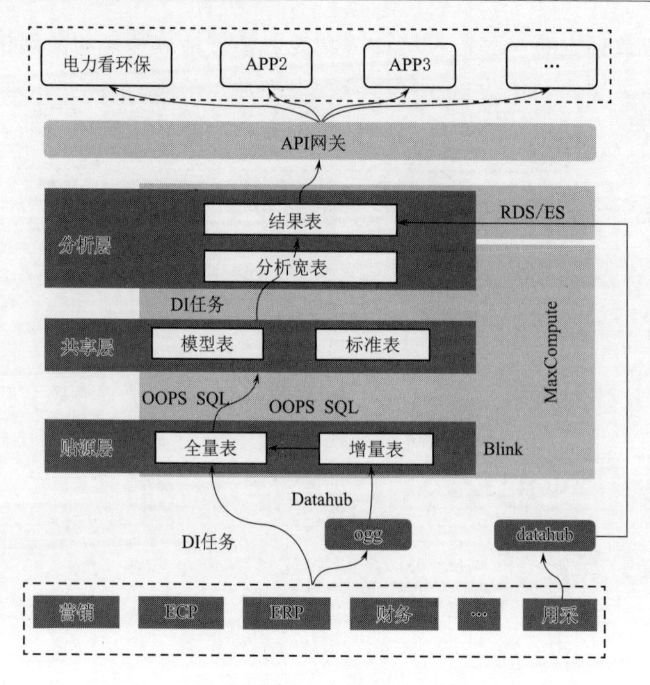

图5-2 典型的数据全链路监测架构示意图

全链路数据监测技术，主要功能是从业务视角出发，实现数据到业务应用及应用到基础数据的双向追踪，提供源端至应用端全过程数据状态、数据加工过程、数据链路血缘状态、任务运行状态、组件状态的全景监测及异常告警，保障数据中台安全稳定运行，为业务应用提供可靠、可用的数据支撑。监测源端到应用端表血缘关系，各层数据表状态，可对应用级数据链路进行实时监测，实现异常任务实时告警，基于任务运行日志的异常原因分析，异常任务节点下游影响范围分析，包括下游任务、后端API、后端应用数。数据全链路监测功能架构如图5-3所示。

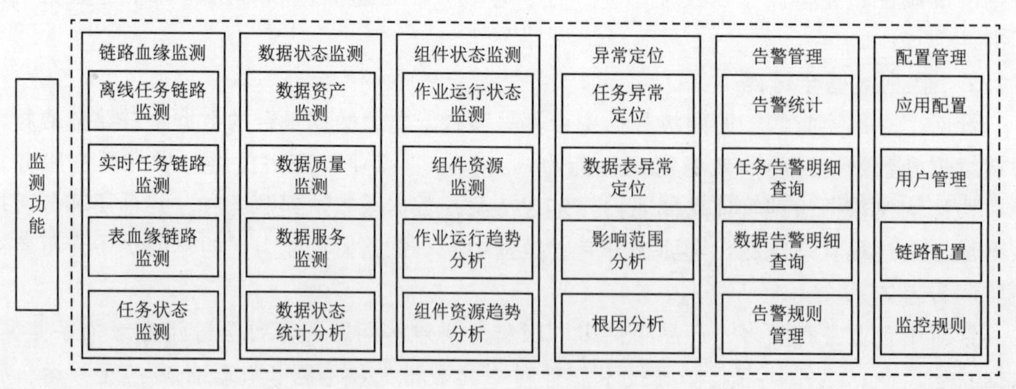

图5-3 数据全链路监测功能架构

5.2.3 提升数据可用率

数据治理核心要解决的问题是：数据模型逻辑正确，数据技术稳定可靠，数据业务高可用。所以，最终体现到业务层面上的核心要求就是：按时按质交付数据，即定义为数据可用率。以“数据可用率”作为核心导向开展电力数据治理。

数据可用率包括数据应用、数据建模、数据安全和数据质量四个核心指标。数据应用要求时效性、稳定性和准确度满足业务要求；数据建模要根据业务的需要满足高覆盖度、高穿透率和适当重复度要求；数据安全则要求高可靠性、低故障率和低风险度；数据质量要求数据保持一致性、完整性和规范性。数据可用率四大核心指标如图 5-4 所示。

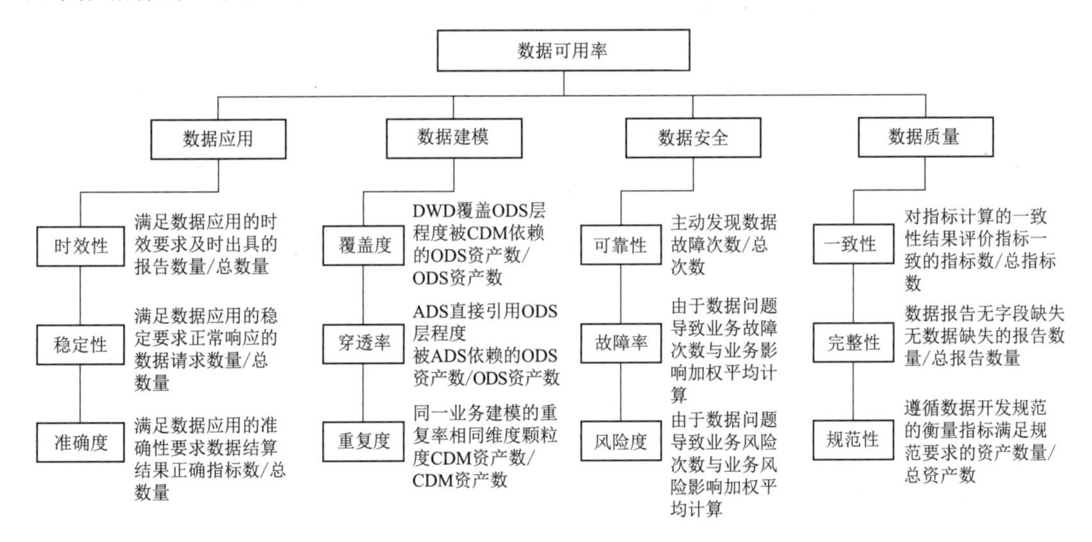

图 5-4　数据可用率四大核心指标

5.3　数　据　计　算

电力数据大致可以分为实时量测数据和业务管理数据。实时量测数据对实时计算处理能力要求高；业务管理数据涉及领域繁多、关系复杂，对离线分析统计需求要求高。针对电力数据种类丰富、应用场景复杂的需求，流批一体计算模式成为数据计算技术的热点。

流批一体计算模式是一种将流式处理和批处理相结合的计算模式，可以有效地处理批量数据和流数据，并使得处理过程更加高效、灵活和可扩展。流批一体计算模式实现方法有分层处理模式［Speed Layer（加速层）、Serving Layer（服务层）和 Batch Layer（批处理层）］、统一存储模式和服务分析一体化模式（Hybrid Serving/Analytical Processing，HSAP）。

分层处理模式，即数据同源分层计算模式，如图 5-5 所示。此模式先构建数据中台和实时量测中心，分别汇聚业务管理数据和实时量测数据，然后根据数据类型和业务需求，实时流计算使用加速层，批计算使用、批处理层分别处理，即将实时量测数据通过实时数据的链路写入实时数据存储中，将离线业务管理数据通过离线数据的链路写入离线存储中，然后将不同的查询放入不同的存储中，再作融合，由此带来多份存储开销和应用层复杂的融合操作。这种模式通常需要组合多种开源工具，如基于离线存储的 Hive，提供点查询能力的HBase、Cassandra，面向HTAP的Greenplum，作快速分析的Clickhouse等存储产品。但以上的每个存储产品都是一个数据的孤岛，造成系统复杂、冗余存储、高维护成本、高学习成本高、运维困难等问题。

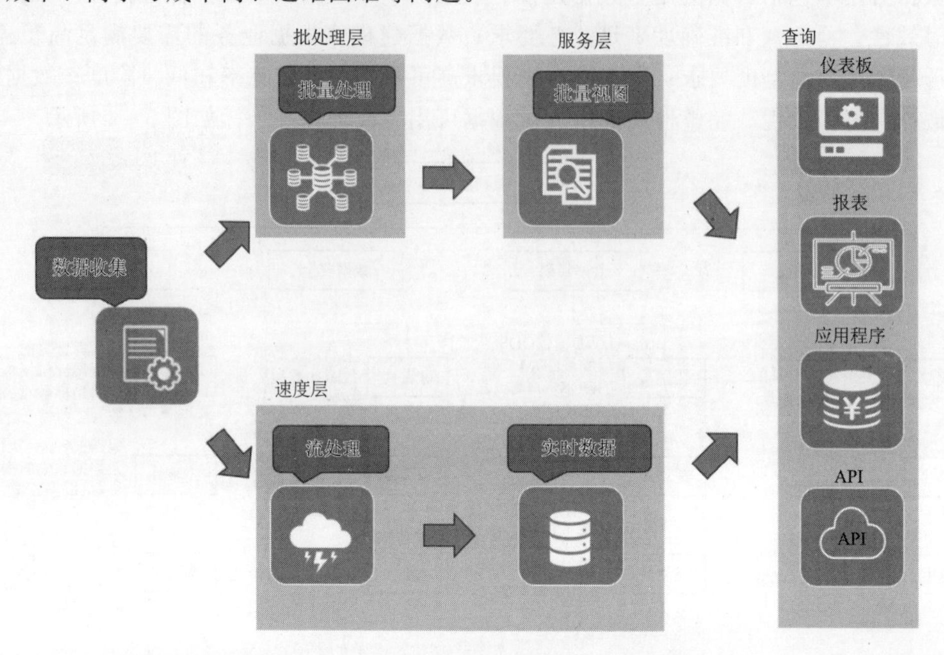

图5-5 分层处理模式示意图

统一存储模式，即在分层处理模式的基础上，将实时量测数据和业务管理数据源统一存储在一个存储系统里面，满足各种各样的业务需求。用一套产品（SQL）既能做流计算又做批计算。这种模式对统一产品的功能要求和性能要求都很高，会遇到增量数据写入性能瓶颈，查询每秒钟处理的请求数量（Queries Per Second，QPS）和查询并发，都难以真正满足实时流处理的要求。这种模式适用最高时效只到分钟级的流批一体计算，如营销计费、生产管理、设备运维、财务管理等业务。典型的统一存储模式示意如图5-6所示。

服务分析一体化模式示意如图5-7所示。电力数据的主要业务涉及的计算类型主要是批处理、交互式分析和高QPS在线服务，事务（Transaction）的场景比较少。HSAP是在统一存储模式的基础上，融合统一数据服务。首先，HSAP基于湖仓一体存储技术实现实时数据和离线数据统一存储，同时利用高性能和易于扩展的数据分析引擎提供高效的查询服务，并在同一个接口下（比如SQL），支持高QPS的查询、复杂的分析以及联邦查询和分析，最后直接对接前端应用，例如报表和在线服务等，不需要再额外地导入导出就能即席分析，统一数据服务，减少数据移动。

HSAP结合了分层处理模式和统一存储模式的优点，数据收集之后可以走不同的处理链路，与分层处理模式类似，避免统一存储模式的实时数据同步瓶颈，处理完成之后的结果可以直接回流统一存储，这样就解决了数据的一致性问题，也不需要去区分离线表和实时表，实现流批一体的计算，降低了分层模式下的数据融合复杂度。

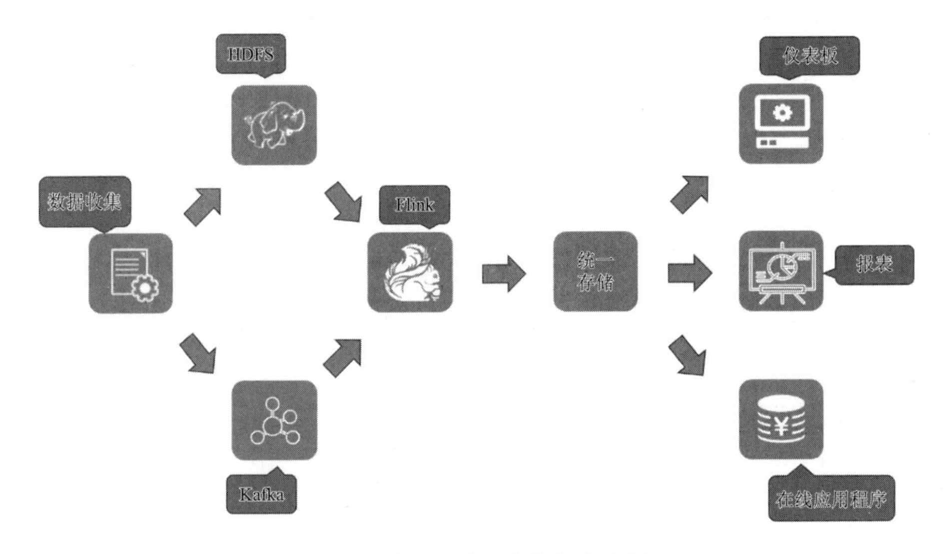

图 5-6 典型的统一存储模式示意图

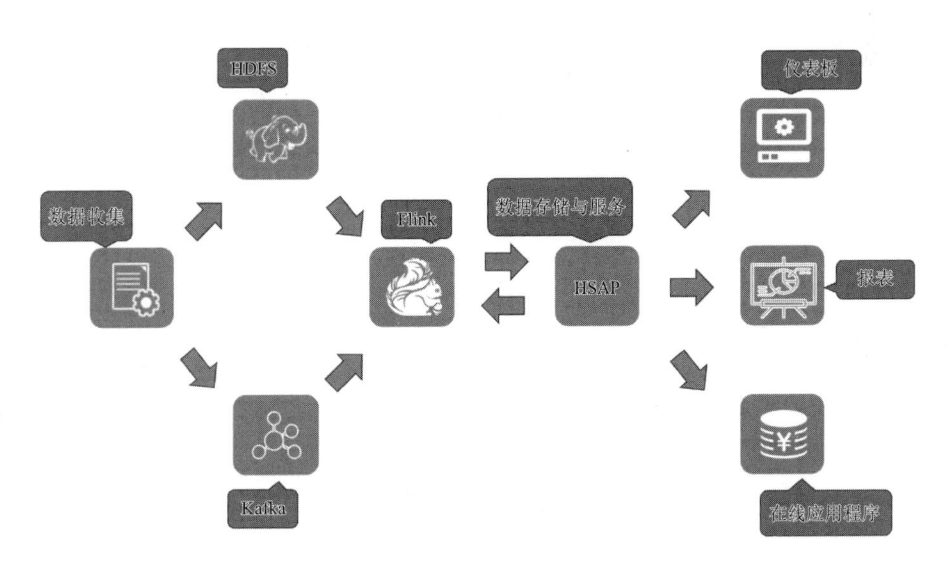

图 5-7 服务分析一体化模式示意图

目前使用 HSAP 的流批一体计算工具有 Clickhouse、StarRocks 和 Hologres 等。其中 Hologres 兼容 PostgreSQL 生态、支持 MaxCompute 数据直接查询，支持实时写入实时查询，实时离线联邦分析。Hologres 采用存储计算分离的架构，数据全部存在一个分布式文件系统中，系统架构如图 5-8 所示。

Hologres 支持行存与列存两种存储格式。行存对于批量 scan 和基于主键的点查性能较好，列存对于多维分析场景支持较好。用户可以根据自己的业务场景来选择不同的存储格式。

Hologres 支持实时数据写入与离线数据写入两种数据写入方式。实时数据写入提供

Blink/Flink connector，方便用户将数据实时写入到交互式分析中。用户通过简单配置Connector，便能够很方便地将经过流计算处理加工完的数据写入到交互式分析中。离线数据写入提供Bulkload，支持通过标准的PostgreSQL将数据从其他数据源Bulkload到交互式分析里。计算和查询分析完全兼容Postgres 11标准，支持通过标准的Postgres JDBC/ODBC工具和语法来访问交互式分析。

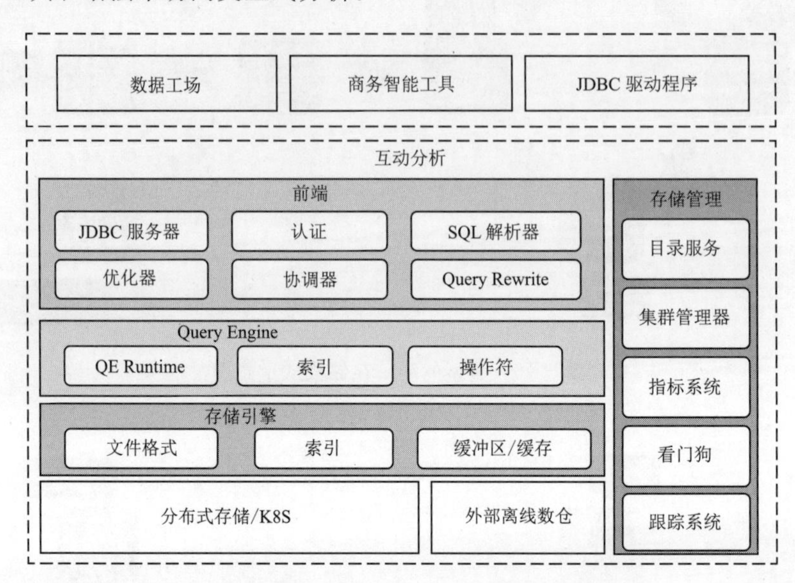

图5-8 Hologres系统架构图

Hologres兼容常用的商业智能（Business Intelligence，BI）工具，例如Tableau/PgAdmin/FineReport/QuickBI等，可以使用这些BI工具无缝连接交互式分析，作灵活极速的BI分析。目前交互式分析支持Postgres主要查询功能，包括聚合运算、过滤运算、关联运算等。

5.4 数据流通

区块链+隐私计算赋能数据可信共享；多链融合互通促进多领域数据可信流转；应用程序（API）接口开放技术日益成熟；“可用不可见”的数据空间模式探索加快等。

5.4.1 基于隐私计算的数据流通技术

在电力数据流通过程中面临数据确权难、投入成本高、各数据主体之间甚至数据主体内部之间都因为数据安全问题而存在数据孤岛现象，在数据流通、数据应用等方面都存在诸多问题。2022年，中共中央、国务院明确了“数据二十条”，发展数据要素的政策导向已经明确，企业间数据流转大势所趋，个人隐私保护迫在眉睫，都促使隐私计算技术成为新型电力系统建设的基础内容。

2016年发布的《隐私计算研究范畴及发展趋势》正式将隐私计算定义为“面向隐私信息全生命周期保护的计算理论和方法，是隐私信息的所有权、管理权和使用权分离时隐私度量、隐私泄漏代价、隐私保护与隐私分析复杂性的可计算模型与公理化系统"。

隐私计算本质上是在保护数据隐私的前提下，解决数据流通、数据应用等数据服务问题。隐私计算技术的应用具有重要意义：①隐私计算具备原始数据不出域、计算过程加密、不共享明文数据等优势，可有效保障数据安全和用户隐私；②基于合法合规的数据利用，打破数据壁垒，赋能多方协作，驱动业务创新；③通过分离数据所有权与使用权，不交易数据本身，只交易数据的计算结果，让数据交易与价值核算合理化。

目前主要相关技术可分为安全多方计算、联邦学习和可信计算三类。安全多方计算和联邦学习应用在电力企业与外部企业间的数据流通较多，可信计算用在电力企业内部的数据流通较多。

1. 安全多方计算

安全多方计算（MPC）由姚期智院士于1982年提出。它的定义是在保障多个参与方进行协同计算并输出计算结果的同时，使各个参与方除了计算结果之外无法获取任何其他信息，从技术层面实现数据的可用不可见。其实现方案主要包括同态加密（Homomorphic Encryption，HE）、不经意传输（Oblivious Transfer，OT）、混淆电路（Garbled Circuit，GC）、秘密共享（Secret Sharing，SS）等。

2. 联邦学习

联邦学习（Federated Learning，FL）是一种多个参与方在保证各自原始数据不出数据方定义的私有边界的前提下，协作完成某项机器学习任务的机器学习模式。联邦学习通过交换中间数据的形式，联合建模和提供模型推理与预测服务。而且这种方式得到的模型效果和传统的中心式机器学习模型效果几乎相同。目前，联邦学习技术在传统的机器学习算法如线性回归、决策树等模型中比较成熟，研究的重点是深度学习模型。

电力作为国民经济基础性产业，数据安全问题关乎国家安全。随着电力大数据时代的到来以及电力市场化改革，电力系统与更多的市场主体建立了链接，电力相关数据被存储于不同的组织内部。在存储形式上，电力数据也不仅存在于云端或数据中心，还被存储在边缘节点。考虑到用户隐私、法律法规等原因，多主体间不能共享数据，传统的集中式数据分析算法已不能满足电力大数据的挖掘和应用。面对上述难题，联邦学习被引入电力领域，重点应用在跨主体间的数据分析领域。联邦学习被应用于负荷预测、客户画像等领域。

3. 可信计算

可信计算（Trusted Computing，TC）是一项由网络可信计算组织（Trusted Computing Group，TCG）推动和开发的技术。该技术的核心目标是保证系统和应用的完整性，从而确定系统或软件运行在设计目标期望的可信状态。具体说来，可信计算技术通过为计算设备引入的可信安全芯片以及配套的启动固件和系统软件，使得计算设备具备如下的信任链构建能力：①启动每个软硬固件实体时，都能够提前度量和检验该实体；②可靠的存储上述度量值以及其他必要的信息；③标识一个计算设备，并基于该标识对外证明上述度量值。可信计算改变了传统的"封堵查杀"等被动应对的防护模式。其核心思想是计算运算的同时进行安全防护，使计算结果总是与预期一样，计算全程可测可控，不被干扰，是一种运算和防护并存、主动免疫的新计算模式，对建立具备免疫特征的新一代电力安全防护体系具备先天优势。

可信计算通过利用内置在平台计算组件中的原生信息安全功能，无需对应用业务逻辑和系统资源进行任何改动，避免了对在运业务应用系统进行大规模改造，因此易于工程实施。

可信计算增加的系统开销主要来自完整性度量，而完整性度量是一种一次性哈希密码操作，计算资源占用极少，计算速度快。相比传统入侵检测、病毒扫描等防护手段，可信计算技术在系统计算资源消耗、对实时性的影响方面具有极大优势，防护效率高。

因此，对于电力数据而言，可信计算主要应用于以安全免疫为特征、以安全可控为目的的新一代主动防御体系中，主要应用场景是调度中心、发电站、变电站等计算机系统中，或嵌入远程终端设备/馈线终端装置等各类智能控制单元中。“十三五”期间，可信技术已在中国电网各级调度控制中心得到部署应用，初步成为电力控制系统行之有效的主动防御手段。

可信计算在电力调度领域形成了良好的应用，但是由于可信计算的落地与软硬件平台有较强的关联性，如何与不同厂商的软硬件平台融合以及研发自主可控的可信软硬件设备仍是难点和重点。

可信计算因其防护强度、防护效率方面的优势，在电力监控系统以外的电力企业经营管理系统中也将得到广泛应用。这些系统目前正逐步过渡到云计算架构，因此如何将当前面向单个物理计算节点的可信计算技术扩展到云环境，构建电力可信云，也是未来的重点研究方向。

4. 隐私计算平台互通

从当前国内外隐私计算整体市场发展现状来看，各类行业机构如银行、运营商、政府和电力公司等体系均已陆续引入隐私计算技术，并部署相关系统。但各类数据应用方和数据供给方往往部署着不同的隐私计算平台，当前隐私计算厂商研发的平台大多为异构闭源平台，技术实现原理差异较大，隐私计算互通、互操作标准还没有建立，造成跨平台无法互联互通。隐私计算旨在连接“数据孤岛”，却演变成“计算孤岛”，给部署不同系统的机构带来维护成本高、数据跨平台流通难的问题。此外，由于部分机构部署的第三方隐私计算平台乃闭源实现，因此随着合作平台数量增加，系统的安全监管也将面临巨大挑战。如何安全、合规、高效地实现不同隐私计算平台的互联互通，也会成为电力数据跨平台流通的问题。

5.4.2 区块链＋隐私计算技术

区块链技术是一种基于去中心化、分布式、不可篡改的数据存储和传输技术，其以链式数据结构为基础，通过密码学算法保证数据传输和访问的安全。区块链技术允许网络中的参与者在不需要中心化信任机构的情况下进行安全、可追溯、不可篡改的数据交换和传输。

区块链＋隐私计算架构示例如图5-9所示。区块链技术与隐私计算的结合，在保证数据可信的基础上，实现数据安全、合规、合理的有效使用。主要体现在以下几个方面：

（1）区块链可以保障隐私计算任务数据端到端的隐私性。通过区块链加密算法技术，计算各方无法获取网络中的原始电力数据，验证节点只能验证计算的有效性而无法获取具体的数据信息，从而保证数据流通隐私，并且可按用户、业务、计算对象等不同层次实现数据和账户的隐私保护设置，最大程度上保护数据的隐私性。

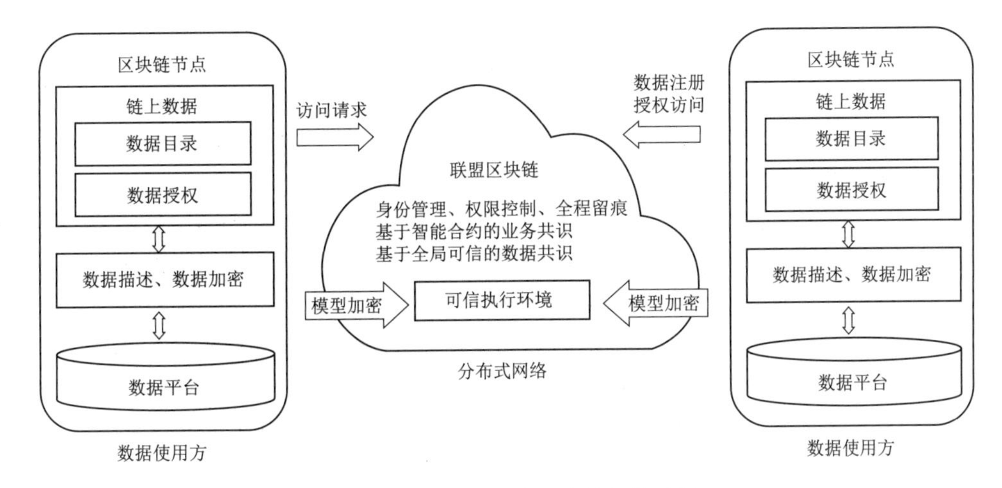

图 5-9 区块链+隐私计算架构示例

(2) 区块链可以保障隐私计算中数据全生命周期的安全性。区块链技术采用分布式数据存储方式，所有区块链上的节点都存储着一份完整的数据，任何单个节点想修改这些数据，其他节点都可以用自己保存的备份来证伪，从而保证数据不被随便地篡改或者是被删除。此外，区块链中所使用的非对称加密、哈希加密技术能够有效保障数据安全，防止泄漏。

(3) 区块链可以保障隐私计算过程的可追溯性。数据申请、授权、计算结果全过程都会在链上进行记录与存储，链上记录的信息可通过其他参与方对数据进行签名确认的方式，进一步提高数据可信度，同时可通过对哈希值的验证匹配，实现信息篡改、非授权使用的快速识别。基于链上数据的记录与认证，可通过智能合约，实现按照唯一标识对链上相关数据进行关联，构建数据的可追溯性。

区块链与隐私计算结合，使原始数据在无需归集与共享的情况下，可实现多节点间的协同计算和数据隐私保护。同时，能够解决大数据模式下存在的数据过度采集、数据隐私泄漏以及数据储存单点泄露等问题。区块链确保计算过程和数据可信，隐私计算实现数据可用而不可见，两者相互结合，相辅相成，实现更广泛的数据协同。

5.5 数 据 安 全

电力数据安全的目标是保护电力数据的机密性、完整性和可用性，以防止未经授权的访问、修改或破坏。电力数据安全可分为内部安全和外部共享安全。内部安全防护更多依靠安全监督的制度流程建设，业务部门落实数据分类分级、资产管理制度，并配合脱敏、脱密等技术构建数据安全管控能力；电力数据外部共享安全除了需要流程管控外，更多依靠“零信任”、区块链、安全平台等数据安全技术进行保障，从而促成业务数据更广泛的交换共享。

5.5.1 “零信任”安全访问

“零信任”安全访问是当前电力单位应对数字化转型和保护数据安全的重要策略之一。“零信任”安全访问在数据访问安全方面的发展现状如下：

（1）数字化业务的快速发展。随着单位数字化业务的不断扩展，“零信任”架构成为保护业务安全和数据保护的关键措施之一。电力单位也正在采用“零信任”架构来应对数字化业务中的各种安全挑战。

（2）物联网和智能设备的普及。随着物联网和智能设备的普及，数据保护需求也变得更加复杂。“零信任”架构能够提供统一的身份验证和访问控制机制，以确保用户和设备的安全性。

（3）数据安全法规和标准的制定。随着数据安全法规和标准的不断制定和更新，“零信任”架构成为电力单位遵循法规和标准的重要选择之一。“零信任”架构可以帮助电力单位满足数据保护和合规性要求。

“零信任”安全访问在数据访问安全方面的发展趋势如下：

（1）实时监测和智能分析。随着技术的发展，实时监测和智能分析成为“零信任”安全访问的重要趋势之一。通过利用机器学习和人工智能技术，可以实时监测并智能分析数据访问行为，从而及时发现和应对威胁。

（2）数据加密和安全传输。数据加密和安全传输是“零信任”安全访问的另一个重要趋势。随着数据的不断增长和复杂性的增加，数据加密和安全传输成为保护数据机密性和完整性的关键措施。

（3）跨平台安全性。随着电力单位使用的平台和设备的多样化，跨平台安全性成为“零信任”安全访问的一个重要关注点。通过提供统一的身份验证和访问控制机制，可以确保用户在不同平台之间的安全切换和数据保护。

（4）边缘计算的发展。随着边缘计算的发展，“零信任”架构也需要适应这种变化。边缘计算可以提高数据处理的速度和效率，但也需要更加灵活和自适应的数据保护措施来确保安全性。

（5）区块链技术的广泛应用。区块链技术具有去中心化、不可篡改和透明等特性，可以应用于数据保护和验证方面。“零信任”架构可以与区块链技术相结合，提高数据的安全性和可信度。

（6）多层次的安全防护。为了应对复杂多变的威胁环境，“零信任”安全访问需要建立多层次的安全防护体系，从身份认证、权限管理、数据加密、审计追踪等多个层面综合保护数据的安全性。

（7）物联网设备的安全性。物联网设备的普及使得物联网设备的安全性成为关注焦点。“零信任”架构可以帮助电力单位保护物联网设备免受攻击，确保物联网设备的安全性和稳定性。

5.5.2 数据脱敏、脱密和隐私计算技术

数据脱敏和脱密是隐私计算的一部分，它们旨在确保在处理敏感数据时保护用户的隐私。数据脱敏、脱密和隐私计算的技术创新体系是指在当前大数据时代中，为了解决数据安全和合规问题而不断发展和创新的多种技术手段。

（1）数据脱敏技术是隐私计算的重要组成部分。数据脱敏技术旨在保护敏感数据的安全，同时保持数据的可用性和可挖掘价值。目前，常见的数据脱敏技术包括泛化、抑制、扰乱和有损等方法。这些技术通过不同的方式对数据进行处理，以消除数据的敏感性，同时保持数据的业务需求特性或内容。

（2）数据脱密技术是隐私计算重要的技术创新之一。数据脱密技术通过将敏感数据进行加密处理，使得数据在存储和使用过程中不会被非法获取和利用。数据脱密技术在保障数据安全的同时，也能够满足行业监管的要求，是实现合规的重要手段之一。

（3）隐私计算也是近年来受到广泛关注的技术之一。隐私计算是一种用于保护数据隐私的技术，旨在允许当事人在不透露数据本身的情况下，进行数据分析和处理。通过使用一系列的安全加密算法和数据处理技术，隐私计算可以确保数据在使用过程中不会受到未经授权的访问或泄露。隐私计算技术在保护数据隐私的同时，还能够提高数据的可用性和可挖掘价值，是大数据时代中解决数据安全和合规问题的有效手段之一。

（4）随着大数据技术的不断发展，数据脱敏、脱密和隐私计算的技术创新体系将会更加完善和深入。一方面，技术的不断创新和改进将会提高这些技术的效率和可靠性；另一方面，这些技术的结合应用也将成为解决复杂数据安全和合规问题的有效途径。

（5）伴随着人工智能、区块链等新技术的发展，数据脱敏、脱密和隐私计算的技术创新体系也将与这些新技术进行更紧密的结合，以应对更加复杂和多样化的数据安全和合规挑战。

总之，数据脱敏、脱密和隐私计算的技术创新体系是大数据时代中解决数据安全和合规问题的重要手段，未来的发展趋势将更加注重技术的创新和综合应用，以实现更高效、可靠的数据保护和合规解决方案。

5.5.3 区块链技术

区块链技术是一种基于分布式数据库的加密技术，具有去中心化、不可篡改和安全性高等特点。区块链技术发展现状和趋势如下：

（1）区块链技术的应用范围不断扩大。随着区块链技术的不断发展，其应用范围不断扩大。目前，区块链技术已经被广泛应用于金融、供应链管理、物联网、医疗保健、版权保护等多个领域。未来，随着技术的不断进步和应用场景的不断丰富，区块链技术的应用范围还将不断扩大。

（2）区块链技术的去中心化特点越来越重要。随着互联网和数字化的发展，中心化机构和第三方机构越来越引起人们的担忧，区块链技术的去中心化特点可以解决这个问题。区块链技术的去中心化使得数据和权力下放到个人和电力单位手中，使得信任和协作更加容易实现。

（3）区块链技术的性能和扩展性不断提升。随着区块链技术的应用场景不断扩大，对于区块链技术的性能和扩展性要求也越来越高。目前，区块链技术社区和电力单位都在不断投入精力和资源，以提高区块链技术的性能和扩展性，以满足更广泛的应用需求。

（4）区块链技术的监管和标准化逐渐加强。随着区块链技术的广泛应用，区块链技术的监管和标准化也逐渐加强。国际组织和政府机构都在积极探索和研究区块链技术的监管和标准化问题，以保护投资者和社会利益。

（5）区块链技术创新不断涌现。随着区块链技术的发展和应用，其创新也越来越多。目前，区块链技术社区和电力单位都在不断创新和发展，从技术、应用和商业模式等多个方面进行探索和创新，以满足更多的需求和挑战。

总的来说，区块链技术的发展前景广阔，未来将会有更多的应用场景和技术创新出现。同时，也需要不断加强监管和标准化工作，以促进区块链技术的健康发展。

5.5.4 主流数据安全技术持续迭代升级

主流数据安全技术是指用于保护数据安全的技术方法和手段。随着数据泄露事件的增加和安全需求的提升，主流数据安全技术也在不断迭代升级。主流的数据安全技术包括：

（1）加密技术。加密技术是数据安全的基础，它通过对数据进行加密处理，防止未经授权的人员访问和获取数据。加密技术包括对称加密、非对称加密、哈希算法等多种方式，可以根据不同的应用场景选择合适的加密算法。

（2）访问控制技术。访问控制技术可以控制用户对数据的访问权限，只有经过授权的用户才能访问和操作数据。访问控制技术包括基于角色的访问控制、基于属性的访问控制、基于策略的访问控制等多种方式，可以根据不同的安全需求进行灵活配置。

（3）数据备份与恢复技术。数据备份与恢复技术可以确保数据在遭受攻击或意外丢失后能够及时恢复。备份技术包括定期备份、实时备份、增量备份等多种方式，可以通过备份数据的存储位置、备份频率、备份内容等进行配置。

（4）防火墙技术。防火墙技术可以防止外部网络对内部网络的攻击和入侵，保护内部网络的安全和稳定。防火墙可以根据安全策略和规则对网络流量进行过滤，允许或拒绝特定流量。

（5）隐私保护技术。隐私保护技术用于保护个人数据的隐私。常用的隐私保护技术包括数据脱敏、数据加密、数据匿名化等。

（6）安全审计技术。安全审计技术可以检测和记录系统中的各种事件和行为，包括用户的登录、注销、文件操作等。通过安全审计可以发现潜在的安全威胁和漏洞，以及时采取措施进行修复和防范。

（7）人工智能安全分析技术。人工智能安全分析技术可以通过机器学习和深度学习等技术手段，对海量的安全数据进行实时分析，发现潜在的威胁和攻击。这种技术可以通过建立智能化的安全预警和响应机制，提高安全防御的效率和准确性。

除了以上提到的技术，还有诸如数据脱敏技术、数据隐私保护技术、数据泄露防护技术等多种数据安全技术手段。这些技术在不断地发展和创新中，旨在应对日益复杂和多样化的安全威胁，保护数据的完整性和机密性。

5.5.5 单点技术向平台融合创新

单点技术向平台融合创新是指将原本独立的单点技术进行融合，以实现更高效、更全面的平台化创新。实现单点技术向平台融合创新的策略和步骤如下：

（1）识别和整合单点技术。首先需要识别和选择具有互补性或协同效应的单点技术，这些技术可以在融合后相互促进，实现整体价值最大化。

（2）构建跨技术平台。将选定的单点技术整合到一个跨技术的平台上，这个平台可以提供不同技术之间的连接和交互，实现技术之间的融合和协同。

(3) 促进技术融合创新。通过提供开放的接口、标准和资源共享，促进不同技术之间的融合和协同创新。例如，可以通过举办技术交流会议、建立合作团队、提供技术支持等方式，促进不同技术之间的交流和合作。

(4) 建立生态系统。建立由多个参与方组成的生态系统，这些参与方可以共享资源和知识，共同推进技术的发展和创新。例如，可以建立技术社区、合作伙伴关系等，以吸引更多的参与方加入平台。

(5) 持续改进和优化。通过不断改进和优化平台，以实现更高效、更全面的平台化创新。例如，可以通过收集用户反馈、进行市场调研等方式，了解用户需求和反馈，并及时进行平台改进和优化。

5.5.6 数据安全智能升级与加速演进

数据安全智能升级与加速演进主要包括以下方面：

(1) 智能化的数据分类和标签。使用人工智能技术，对数据进行自动化地分类和标签，以实现数据的有效管理和使用。例如，使用机器学习算法对数据进行分类和标签，提高数据管理和查询的效率。

(2) 智能化的数据保护和加密。使用智能化的加密算法和隐私保护技术，对数据进行加密和保护。例如，使用同态加密、差分隐私等算法，保护数据的隐私和安全。

(3) 智能化的数据安全审计和评估。使用智能化的审计和评估技术，对数据安全进行风险评估和审计。例如，使用机器学习算法来识别和评估安全威胁和漏洞，并及时采取相应的措施。

(4) 智能化的数据安全培训和意识提升。使用智能化的培训和意识提升技术，增强用户的数据安全意识和技能。例如，使用虚拟现实、增强现实等技术，进行安全培训和意识提升。

(5) 智能化的数据安全管理和治理。使用人工智能技术，实现对数据的智能化管理和治理。例如，使用数据分类、数据标签、数据质量等工具，实现对数据的自动化管理和治理。

在数据安全智能升级与加速演进的过程中，需要跨学科的交叉和融合，包括计算机科学、数学、工程学、心理学、社会学等多个领域。同时，还需要注意保护知识产权和数据安全，加强智能系统的合规性和可持续性。此外，还需要建立完善的数据安全管理制度和技术体系，加强数据安全的监测和应急响应能力，确保数据安全得到有效的保障。

总之，数据安全智能升级与加速演进需要不断追踪和应用新技术和算法，同时需要跨学科的交叉和融合，以实现更加综合和创新的解决方案。同时，还需要注意保护知识产权和数据安全，加强智能系统的合规性和可持续性。

第 6 章

典型案例

6.1 “电 E 贷”——基于电力大数据的“电力+金融”信贷新模式

6.1.1 背景描述

截至 2022 年年末我国企业数量为 7000 万家左右，其中中小微企业数量为 5200 万余家，企业融资难、融资贵等问题长期难以有效解决。党的二十大提出，要推动数字经济和实体经济深度融合，构建金融有效支持实体经济的体制机制，提升金融科技水平，增强金融普惠性。

企业产业链的循环畅通离不开金融的支持，但一直以来金融供需之间信息不对称的问题普遍存在。一方面，企业对资金的短期周转需求较大，但受融资渠道、融资成本、抵押担保等因素影响，获取金融服务门槛较高，特别是中小微企业在获取金融服务的过程中议价能力较弱、风险溢价较高；另一方面，金融机构由于对相关实体企业缺乏深入了解，往往在产品定价、风险防控等方面相对谨慎，落实国家普惠金融政策面临一定困难。

金融机构目前针对企业的贷款授信准入模型中的关键数据，特别是中小微企业的数据，大都依赖客户经理线下采集，采集效率及准确性不高，外部数据接入渠道比较狭窄，不能准确反映中小微企业真实的经营状况。另外，从授信准入模型底层逻辑看，金融机构主要采用负面清单准入及资产负债核额模型，企业的信保类贷款额度一般仍然基于纳税情况，对于一般个体工商户、初创型小微企业仍不适用。因此需要一种能准确反映中小微企业生产经营状况的信贷评估模型，在满足精准借贷的同时，提升普惠性和扩大应用覆盖面，弥补中小微企业获取金融服务难的短板。

6.1.2 案例内容

6.1.2.1 技术方案

“电 E 贷”——基于电力大数据的“电力+金融”信贷分析模型以电力数据作为主要输入，结合瑞安农商银行企业合规经营、企业风险准入、高管信用评价、股东信用评价等外部数据，采用层次分析法（Analytic Hierarchy Process，AHP）、熵值法与客观权重赋权法（Criteria Importance Through Intercriteria Correlation，CRITIC）等算法，通过对生产指标、产能利用指标、产能增长指标、缴费方式得分等历史数据分析，测算企业“电 E 贷”评估模型得分，瑞安农商银行根据“电 E 贷”评估模型得分，对企业实现精准放贷。

1. 生产指标

生产指标得分 A= [INT（月均用电度数/1000）+1] ×10，其中月均用电度数=年度用电度数/月份数。

产能指标得分反映企业整体经营状态与规模。指标得分越高，表明企业规模越大，企业经营相对更稳定。

2. 产能利用率

产能利用率 B=当月用电度数/前推 12 个月月用电度数峰值。产能利用率指标赋分规则见表 6-1。

表 6-1　　产能利用率指标赋分规则

序号	评　分　标　准	指标得分	序号	评　分　标　准	指标得分
1	产能利用率∈ [90%，∞)	5	5	产能利用率∈ [50%，60%)	1
2	产能利用率∈ [80%，90%)	4	6	产能利用率∈ [30%，50%)	0
3	产能利用率∈ [70%，80%)	3	7	产能利用率∈ (-∞，30%)	-1
4	产能利用率∈ [60%，70%)	2			

产能利用率反映企业当月的经营状况。如果产能利用率较高且相对稳定，表明该企业生产经营良好；反之，如果产能利用率较低且持续走低，表明设备闲置过多，经营状况有衰退的现象。

3. 产能增长率

产能增长率 C=（本年用电度数-上年同期用电度数）/上年同期用电度数。产能增长率指标赋分规则见表 6-2。

表 6-2　　产能增长率指标赋分规则

序号	评　分　标　准	指标得分	序号	评　分　标　准	指标得分
1	产能增长率∈ [50%，∞)	1000	9	产能增长率∈ [10%，15%)	200
2	产能增长率∈ [45%，50%)	900	10	产能增长率∈ [5%，10%)	100
3	产能增长率∈ [40%，45%)	800	11	产能增长率∈ [-5%，5%)	0
4	产能增长率∈ [35%，40%)	700	12	产能增长率∈ (-15%，-5%)	-100
5	产能增长率∈ [30%，35%)	600	13	产能增长率∈ (-25%，-15%]	-200
6	产能增长率∈ [25%，30%)	500	14	产能增长率∈ (-35%，-25%]	-300
7	产能增长率∈ [20%，25%)	400	15	产能增长率∈ (-∞，-35%]	-400
8	产能增长率∈ [15%，20%)	300			

产能增长率反映企业的发展情况。产能增长率高，反映企业处于扩产期，企业经营持续向好，产能不断增加；反之，产能增长率低，反映企业处于缩产期，企业经营相对低迷。

4. 缴费方式指标

缴费方式指标反映企业电费的缴纳方式，一定程度上反映企业的资金状况。使用代扣代缴业务的资金状况相对充裕，诚信指数更高。因缴费方式指标分值较小，对"电 E 贷"模型的整体影响较小，该指标得分主要应用于确定后续的贷款金额上。缴费方式指标赋分规则见表 6-3。

5. 指标权重计算

指标权重计算算法上考虑了 AHP、熵值法与 CRITIC。其中：①AHP 属于主观赋权法，利用数字的相对大小信息进行权重计算，需要专家系统的支持且易受主观影响；②熵值法属于客观赋权法，根据数据熵值信息即信息量大小进行权重计算，因而由它得出的指标权重值比主观赋权法具有较高的可信度和精确度；③CRITIC 同样属于客观赋权法，其利用数据的波动性或者数据之间的相关关系情况进行权重计算，综合考虑了数据波动情况和指标间的相关性。综合考虑下，本模型更适合采用 CRITIC。CRITIC 权重计算结果见表 6-4。

表 6-3　缴费方式指标赋分规则

序号	评分标准	指标得分
1	现金缴存	0
2	代扣代缴	1

表 6-4　CRITIC 权重计算结果

项	指标变异性	指标冲突性	信息量	权重/%
产能指标	0.039	1.897	0.074	6.624
产能利用指标	0.315	1.693	0.533	47.413
产能增长指标	0.292	1.769	0.517	45.962

6. “电 E 贷”评估模型

最终评估得分计算为每个独立样本的 3 个指标得分分别乘以对应权重系数，再加上缴费方式得分的附加分，即 0.06624×产能指标得分+0.47413×产能利用率指标得分+0.45962×产能增长率指标得分+缴费方式得分。

通过上述的“电 E 贷”评估模型计算公式，计算得出企业的“电 E 贷”评估模型得分。瑞安农商银行根据“电 E 贷”评估模型得分，对企业实现精准放贷。根据与瑞安农商银行确认的评分规则，企业的“电 E 贷”评估模型信用评级在中等以上，企业提交贷款申请时，瑞安农商银行将予以贷款业务受理。“电 E 贷”信用评级评分标准见表 6-5。

表 6-5　“电 E 贷”信用评级评分标准

序号	评分标准	“电 E 贷”信用评级	序号	评分标准	“电 E 贷”信用评级
1	评估得分∈［480，∞）	极好	4	评估得分∈［−100，60）	中等
2	评估得分∈［200，480）	优秀	5	评估得分∈（−∞，−100）	差
3	评估得分∈［60，200）	良好			

7. 贷款金额

“电 E 贷”贷款额度根据企业实际经营需求确定，信用贷款上限为 200 万元，保证贷款上限为 300 万元。贷款金额＝1000×（产能指标/10−1）×（1+产能增长率）×（1+产能利用率）×（2+缴费方式指标）×12。如测算额度低于 50 万元，给予 50 万元授信额度。

6.1.2.2 应用场景

自该项工作开展以来，已取得显著成效。①中小微企业获取金融服务的过程中存在议价能力较弱、风险溢价较高导致的融资难融资贵等问题得以解决，企业只需凭借用电量，就可以实现无抵押线上贷款，且利息低于商业贷款，"电E贷"纯信用、低成本的特点，破解了中小微企业融资难的痛点、难点，使中小微企业融资满意度有所提升；②金融机构对产业链实体企业缺乏深入了解，难以落实国家普惠金融政策的情况得以解决，基于企业用电数据基础，金融机构对小微企业的生产经营状况有了更深入、形象的了解，做到多维度数据结合，使贷款业务真正有据可依，帮助中小微企业纾困解难；③通过"电E贷"进行贷款的业务规模逐步扩大，截至2023年2月，瑞安市供电公司依托电力大数据的"电力+金融"信贷新模式，协助瑞安农商银行建立企业电力评估模型，根据企业实际需求实现精准放贷，已为79家企业提供信用贷款额度，贷款金额总计达12654万元，其中有62家企业在无法使用其他信用贷款产品的情况下，顺利使用"电E贷"完成借贷。模型流程如图6-1所示。

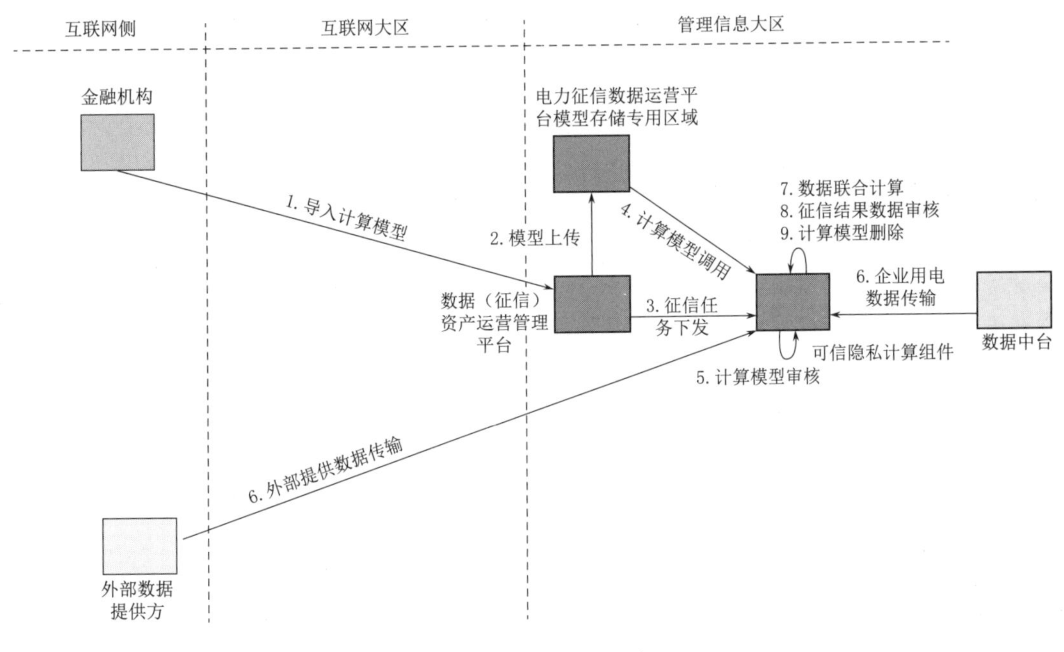

图6-1 模型流程图

6.1.3 实施成效

依托国网浙江电力营销2.0系统与某市农商银行基于对用户近26个月的系统数据（户名、户号、用电类别、用电分类、月用电量、缴费方式、负面清单评价等）进行分析、处理、模型应用等工作，相关工作成果如下：

(1) 建立包含生产指数、成长指数、诚信指数三个指数，产能指标、产能利用指标、产能增长指标、缴费方式得分四个指标的"电E贷"评估模型。

(2) 2022年12月，依据四项关键指标完成对瑞安市近万家企业进行用户信用评估画像，企业综合评价中良好及以上的企业占比为38.38%；电力信用相对较差的企业占比14.49%。基于"电E贷"信用评级中等及以上即可申请贷款的规则，达85.51%的企业可享受到"电E贷"产品的贷款业务，也反映出"电E贷"的普惠性，能为更多的中小微企业提供坚强资金保障。

(3) 通过“电E贷”评分评级的筛选，2022年12月，某市共有4170家企业可使用“电E贷”产品，户数占比最大的额度区间为[50万户，100万户]，有1818家企业，户均额度为57万元，所占比重为43.6%，其中额度低于50万元的有1178家，通过数据可以发现在瑞安的小微企业数量众多，进而对能够帮助中小微企业纾困解难的普惠金融产品有着很大程度需求。企业占比最大的额度区间为(250万家，300万家]的有1530家企业，其中额度超过300万元的有732家企业。

6.1.4 创新亮点

6.1.4.1 社会效益

基于企业信贷综合评估模型，企业只需凭借用电量，就可以实现无抵押线上贷款，且利息低于商业贷款，有效解决中小微企业获取金融服务的过程中存在议价能力较弱、风险溢价较高导致的融资难融资贵等问题，提升中小微企业融资满意度。

金融机构通过企业信贷综合评估模型对产业链实体企业的生产经营状况有了更深入、形象的了解，使得国家普惠金融政策更好地落地，实现精准放贷，帮助产业链上下游企业特别是中小微企业获得更加优质高效的普惠金融服务。

6.1.4.2 经济效益

近年来，我国数字经济快速发展，数字经济规模已经连续多年位居世界第二，数据规模量持续上升。《中国数据要素市场发展报告(2021—2022)》提出，2021年，我国数据要素市场规模达815亿元，预计“十四五”期间市场规模复合增速将超过25%，整体将进入群体性突破的快速发展阶段。因此，通过打造高价值的数据产品“电E贷”，将会成为新的利润增长点，带来良好的经济效益。

6.2 基于数字技术的财务无纸化创新与实践

6.2.1 背景描述

近年来，党中央、国务院高度重视数字经济发展。国资委《关于中央企业加快建设世界一流财务管理体系的指导意见》和财政部《会计改革与发展“十四五”规划纲要》将财务数字化转型提到一个新高度。财政部、国家税务总局等有关主管部门大力推进电子会计数据标准，通过应用数字新技术促进全社会数据互联互通和标准化共享。国网公司制定“数智财务国网方案”明确财务转型升级路径。

在此背景下，国网浙江省电力有限公司温州供电公司(以下简称“国网温州供电”)从会计档案数字化程度不高、现有财务系统未考虑数据归档需求、档案管理系统集成功能有待提高、档案利用服务深度不足等问题出发，开展相关研究和实践。

6.2.2 案例内容

总体工作思路是应用iABCDE(物联网、人工智能、区块链、云计算、大数据、电子签章)等新技术，围绕“数字化基础能力提升建设”和“核心业务场景数字化应用”两条工作主线，聚焦外部电子凭证采集和内部业务流程改造两个发力点，推动实现数据标准化共享、业务线上化办理、凭证电子化归档。总体工作思路如图6-2所示。

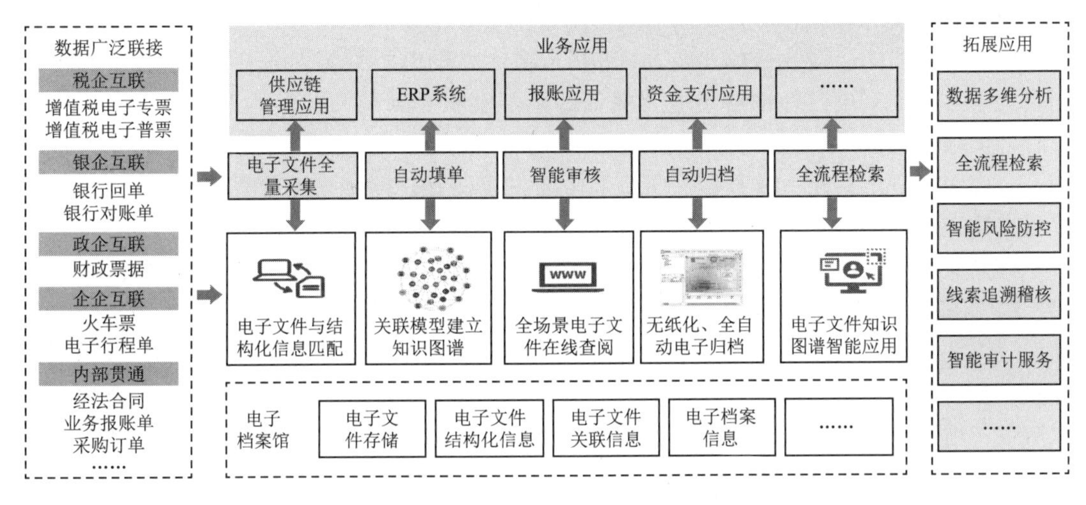

图 6－2 总体工作思路

6.2.2.1 一体互联，打造数据获取“直通车”

通过外部电子凭证在线采集和内部业务单据线上改造，实现各类经济业务原始数据互联互通，在线流转。

（1）广泛推动互联互通，实现外部凭证直连采集。通过建立政企、税企、银企、企企直连通道，在线接收七类符合财政部电子凭证会计数据标准的电子凭证，即：①通过政企直联通道接收财政电子票据；②通过税企直联通道接收增值税电子专票、增值税电子普票；③通过银企直联通道接收银行电子回单、银行电子对账单；④通过企企直联通道接收铁路电子客票和航空运输电子客票行程单。接收后的各类电子凭证版式文件集中存储在公司统一的电子凭证池中。针对暂时无法直连采集的纸质凭证，通过电子文件服务驱动扫描终端（扫描仪、高拍仪、手机等）将纸质材料批量扫描成电子文件，并对扫描的纸质材料通过系统集成服务和 OCR 识别服务进行校验，将扫描生成的电子文件进行统一归类、统一命名、添加水印等标准化处理后存储至电子凭证中心。

（2）开展单据无纸化改造，实现内部数据源头获取。内部单据是企业各项业务内部流转的载体。通过全面分析 514 个经济业务场景所应用的全量内部单据，统一格式标准，简化业财交互流程，完成 149 张内部单据、8000 余个数据项的全新标准化设计和线上化改造。通过内部单据改造，建立公司统一标准数据模型，通过一套内部单据实现业务规范操作、业务清晰展现、数据价值管理。

6.2.2.2 一池统管，铸就数据转换“一平台”

依托财务中台建成企业级电子凭证中心，将其作为集中开具、全量接收、统一处理内外部电子凭证以及统一运营海量价值数据的唯一平台。通过开发电子凭证分票种解析验签功能，确保各类电子凭证来源合规可信，安全防篡改；通过开发电子凭证结构化数据和版式文件引用功能，支持自动填单、智能审验等自动化需求；通过按电子凭证分类标准元素清单，生成入账结构化信息数据文件，实现会计档案电子化归档。

（1）依托会计数据标准，融合一套数据资产。公司全部经济业务往来中所形成的内外部各类票据，均可通过外部直连通道或内部数据中台全量汇聚到电子凭证中心。同时，依托平台全面内置的会计数据标准微应用和微服务，借助电子签名、电子签章和数字加密等创新技术，一键完成内外部各类电子凭证的验签解析、封装归档、整理报送，将传统的“票据流”转换为“数据流”，形成一套统一的高质量、可信数据供各类经济业务共享复用，实现用同一个标准生成数据、同一个标准完成交互、同一个标准贯通后续全部环节，广泛支撑企业各类数字化应用场景。

（2）应用电子签名签章，构建数字信任机制。电子凭证中心引入电子签名、对象存储、国密SM2/SM3/SM4算法、XBRL等技术，建立全要素规范完整、全过程安全可靠的底层算法机制；采用加密数字签章、区块链存证等技术，提供电子签名的认证、签署、信息存证、司法鉴定等智能服务；支持多层级实名认证体系，确保签名主体合法合规、真实有效；增加时间戳和可信的数字签名进行云端固化，确保存证安全可靠，打通业务审批单据全流程线上化流转“最后一公里”。

6.2.2.3 一发速递，创新流程处理“新模式”

按照“数据源头一次获取、业财全程共建共享”原则，彻底转变流程处理方式和会计基础工作模式，确保数据获取应前尽前、数据要素应全尽全、业财流程应简尽简、业务处理应自动尽自动。

（1）数据提报环节。在线汇集发票、银行回单、经济合同等业务单据结构化数据及版式文件，依托财务中台的关联、查询、校验等服务，实现由自动填单代替人工填写。

（2）数据审批环节。将财务相关法规和制度转化为数据逻辑规则，通过中台服务内嵌入业务前端，自动进行票据合法性、业务合规性、成本合理性、账票一致性校验，确保业务发起即合规，实现由智能校验代替人工审核。

（3）数据记录环节。业务流程审批完成后，按照会计凭证类型标准和原始凭证无纸化定义，在线聚合电子凭证和业务单据结构化数据，根据内嵌的记账规则，实现由凭证自动入账代替财务人员账务处理。会计记录生成后自动更新发票状态，并回传至公司发票池和税务部门电子发票（票据）综合服务平台，通过系统控制避免发票重报。

（4）资金支付环节。通过银企直连通道，在线发送支付指令，支付完成后自动获取银行回单并自动挂接到对应会计凭证。

6.2.2.4 一键归档，助推无纸办公“全闭环”

根据国家电子会计档案归档标准及要求，建成全国首家财务智慧档案馆，衔接各业务系统，并定期向办公室档案系统发起数据移交，打通财务无纸化办公“最后一公里”，实现数据档案全生命周期管理。

（1）开发智慧电子档案应用。在电子凭证中心开发归档服务功能，即“标准结构化数据＋电子签名＋OFD版式文件”的电子封装功能，全量采集涉财相关电子文件信息及其对应的结构化信息和版式文件。

（2）建立业务系统数据接口。衔接售电开票、电费结算、工程结算、费用报销、商旅结算、资金管控等业财系统，支撑各业务数据“一次采集，全程共享调用”，并衔接办公室数字档案馆，定期（按月/按年）将会计电子文件在线传递至数字档案馆完成归档。

（3）应用物联网技术实现“纸电关联”。针对仍需保留纸质档案的业务，通过应用二维码、智能设备、物联网技术等，推动实物档案智能化升级和全过程管控。同时建立纸质档案和电子档案关联索引机制，实现会计档案线上线下一体化管理。

（4）建立电子档案安全体系。设立“分区分域、安全接入、动态感知、全面防护”的安全防护策略，保障系统的安全、可靠和稳定运行。除组织、角色、用户等关键数据强制隔离以外，还融合了四性检测、明水印、暗水印、区块链、监控预警、用户行为日志记录等创新技术手段，确保企业档案数据安全可靠，满足信息防伪、泄密溯源防篡改等安全需求。

（5）构建会计档案知识图谱。按照“应采尽采”的采集模式，建立完整、动态的档案模型，保持企业档案的全貌与原貌，通过数据分析处理，形成链路型、网状型的档案知识图谱，建成高质量、一体化档案数据资产，沉睡在纸质档案中的数据资源被彻底唤醒，数据价值得到充分释放。

6.2.3 实施成效

6.2.3.1 以“链”相连，结算直达

将区块链技术应用到工程结算领域，高效链接施工单位、设计单位、监理单位、业主项目部等多方主体，实现多方结算数据上链。利用智能合约、人工智能等技术构建从供应商业务发起、审核审批到财务记账、资金支付、电子化归档的全过程智能化业务链，实现工程量报审数据在线审批，结算单据线上流转，结算金额智能校验，双方账务实时核对，结算资料自动归档。基于区块链的工程结算“无纸化”如图 6－3 所示。

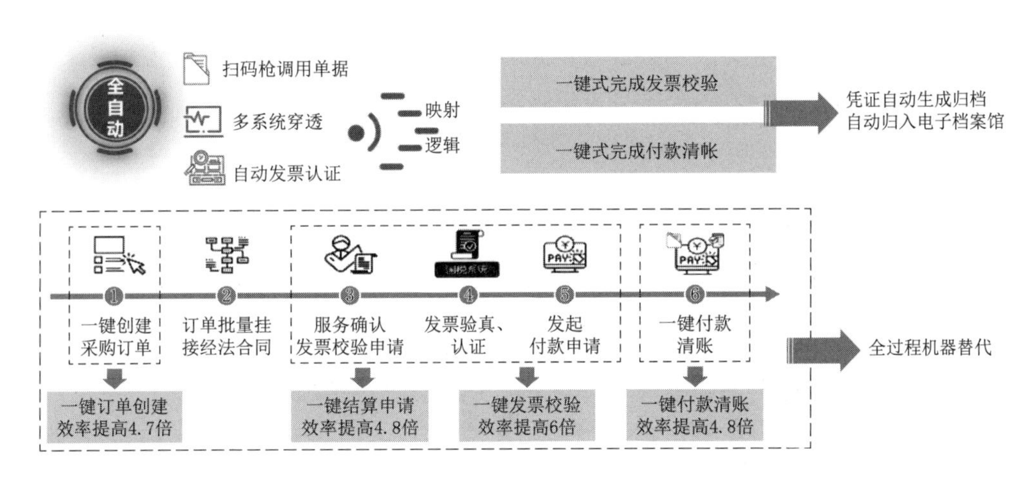

图 6－3　基于区块链的工程结算“无纸化”

6.2.3.2 一“网”账生，购售无忧

1. 购电结算场景

通过建立企企直连通道，发电企业相关人员登录“网上国网”APP 即可完成上网电量、电费等信息确认，系统根据结算规则自动触发购电结算单审核。供应商完成开票后，营销人员即可直接在省电子发票（票据）综合服务平台获取全量发票结构化数据，免除了来回交互、多轮复核耗时长的问题，购电结算时长由原本的 20 个工作日缩短至 5 个工作日。

2. 售电开票场景

建立税务金税系统、公司营销系统、财务账务系统数据接口，根据营销系统抄表电量

及适用电价等信息，在线向金税系统申领并实时开具增值税电子专票。发票开具完成后，系统即刻将开票信息回传至营销系统，同时以短信、邮件、APP推送等方式将发票信息推送至用户，实现电子发票“领、购、用”在线自动处理。财务人员不用再领购发票，业务人员不用再邮寄纸质发票，客户无需再往返供电营业厅。实现了发票不怕丢、不用寄、业务全线上、自动办，在提高业务效率、推动降本增效、促进绿色发展等方面成效显著。目前，电子发票已在浙江全省铺开，切实惠及全省3000余万户电力客户。售电开票应用功能如图6-4所示。

(a)用户在“网上国网”APP提交开票申请

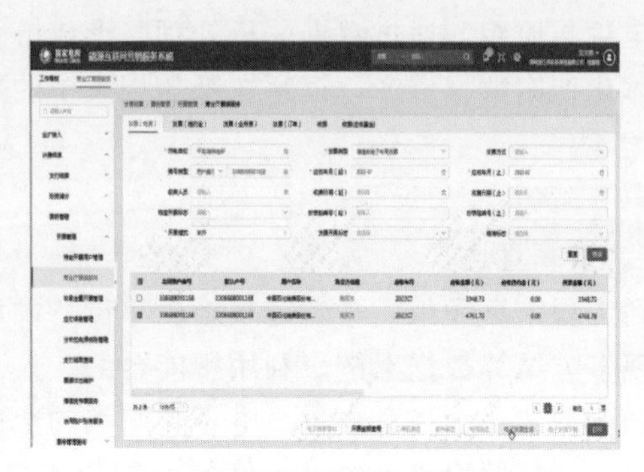

(b)营销系统在线批量处理发票开具申请

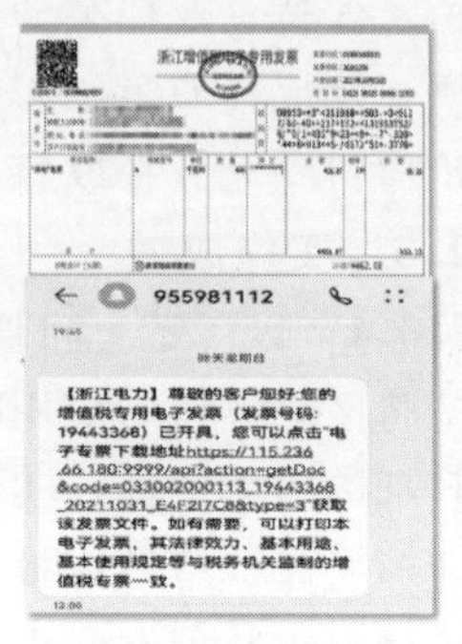

(c)税局开具电子专票并发送用户

图6-4　售电开票应用功能概览

6.2.3.3　云端传递，员报免跑

1. 医药费报销场景

配合浙江省财政厅，建立公司补充医疗保险管理系统与“浙里办”政务服务平台直联通道，在线采集医疗票据，实现医疗票据直联采集，在线审批、自动记账、即时支付，医药费报销由原来的一月一报提升至最快次日到账，极大提高业务处理效率。员工药费报销实现“零次跑”，大幅提升报销体验感。医药费报销“无纸化”功能概览如图6-5所示。

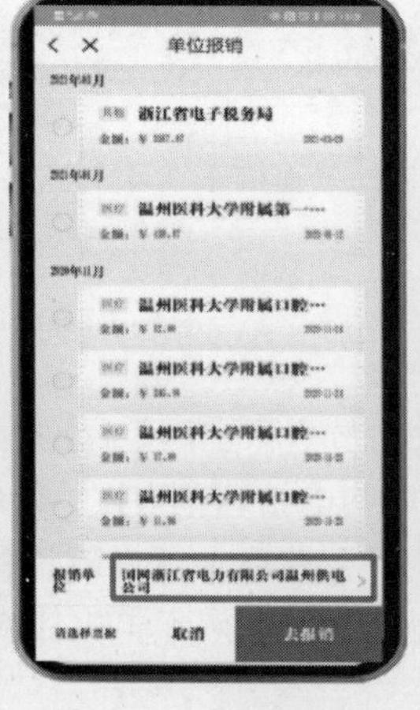

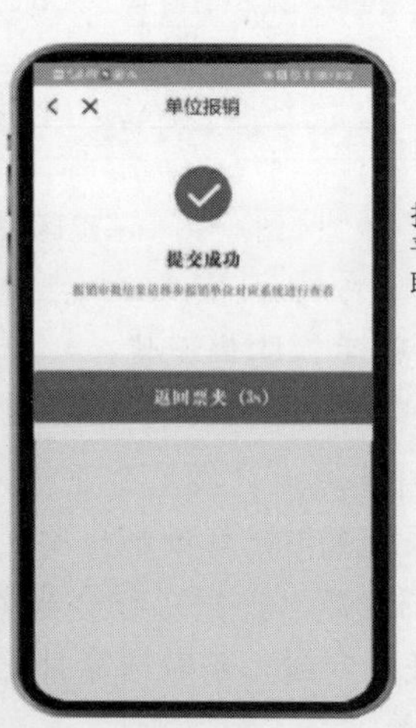

打通“浙里办”政务服务平台，实现医疗票据的直联采集

政企互联
医疗票据传递无纸化

图6-5　医药费报销“无纸化”功能概览

2. 差旅报销场景

建立与铁路总局直连通道，在线采集电子客票结构化数据。通过内部改造、商旅垫付、中台服务调用，实现通知线上流转、员工免票出行，同时确保业务发起即合规、提交即过账，提升工作效率及员工获得感，实现培训差旅、会议差旅、生产性出差等差旅报销全场景“无纸化”应用上线，员工报销最快于提报次日收到补贴资金，有效解决员工“垫付压力大、票据保管难、报销流程长”的痛点，大幅提升员工出行满意度。同时，智能防控重报、错报等风险，提升报销的合规性和准确性。

6.2.4 创新亮点

6.2.4.1 节约资源，助力打造绿色生态体系

以国网浙江省电力有限公司为例，通过电子会计凭证替代纸质凭证，在降碳减排方面，全年预计节省A4纸张约5700万张，合计重量约237t，综合考虑纸张生产、运输、销毁等环节所产生的二氧化碳排量，累计每年大约为全社会减排二氧化碳3.85万t；在经济成本方面，每年累计为公司节约办公耗材、快递、存储保管等成本合计约1.08亿元；在人力成本方面，目前各基层单位每月至少需要投入3人从事电费开票、凭证及附件打印分拣、回单整理、会计凭证装订及档案保管等工作，通过“无纸化”改造可完全释放此项业务的人力资源。

6.2.4.2 互联互通，助力全社会数字化改革

一体互联的信息交互新模式，统一数据标准，畅通信息共享通道，助力全社会数字化改革。一方面，降低了社会信用成本，财税、审计、金融等监管部门可以直接获取企业实际运行数据，有利于建立高效、公平、透明的监管环境。同时推动个人和企业办事向“一次都不跑”大步迈进，提升人民群众获得感。另一方面，方便政府部门从最小单元个体企业获取源头数据，有力支撑国家开展宏观经济数据分析、经济政策制定、财政税收统计预测、社保征收等工作。

6.3 首创全国首个“电力数据专区”——打造“天猫商城＋线下商超”运营模式

6.3.1 背景描述

2022年新国发2号文件中对贵州提出“在实施数字经济战略上抢新机”“加快构建以数字经济为引领的现代产业体系”等要求。国务院发布的“数据二十条”明确，要统筹推进数据产权、流通交易、收益分配、安全治理，加快构建数据基础制度体系；创新引领数据基础制度，充分实现数据要素价值、促进全体人民共享数字经济发展红利，为体系化建设数据基础制度指引方向。2023年，国务院紧接着印发《数字中国建设整体布局规划》对数据要素价值有效释放提出了目标，要全面赋能经济社会发展，做强做优做大数字经济。

贵州省提出“到2025年底，数据要素市场化配置改革成为全国示范样板”。贵州电网公司“十四五”数字化规划实施计划中明确将“激发数据价值”纳入贵州特色数字化转型行动。

6.3.2 案例内容

2022年贵州电网公司在大数据交易所上线了全国首个“电力数据专区”。专区核心产品体系包含4大类28个标准产品及1个特色服务，不仅包含了覆盖个人、企业、行业的

电量、电价、电费共 9 类标准化的基础数据产品，还可提供面向市场需求的一对一定制场景个性化产品。通过搭建高普适性的电力数据核心产品体系，涵盖标准化产品＋VIP 特色定制服务，既助力政府数字化治理施策、企业精准营销，又加速数据要素价值变现，打造具有电力特色的数字经济应用，助推贵州省能源中心建设，促进贵州省经济社会发展。专区产品体系如图 6－6 所示。

图 6－6　专区产品体系

贵州电网公司实现从数据供给方到数据商的华丽转身，以电力数据专区为主要战斗堡垒，对外连接各主流商业站点；提供“天猫商城＋线下商超”的线上体验＋线下定制服务组合模式，打通数据要素产品售前－售中－售后运营机制，实现内外部、场内外多渠道输送，对内上架南网数据中心对外门户、南网在线等自营网络商城，对外上架贵阳大数据交易所、深圳大数据交易所、贵州省政府数据开放平台等主流商业站点，打造贵州电网品牌数据服务。创建高效数据产品运营模式如图 6－7 所示。

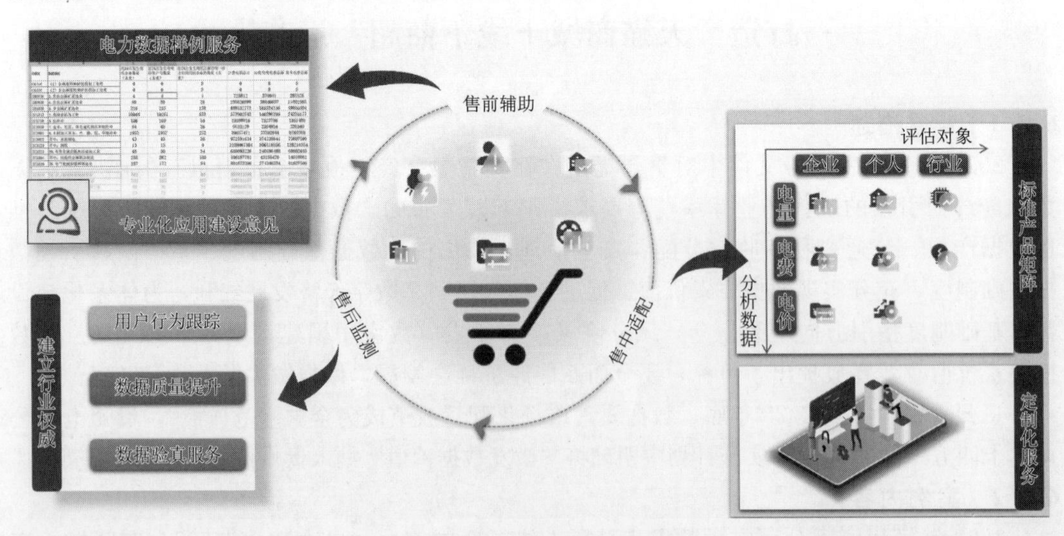

图 6－7　创建高效数据产品运营模式

6.3.2.1 技术方案

产品研发过程具备数据服务产品研发普遍性，主要利用网级数据中心自主空间+南网数据中心对外门户两大基础平台，对内部的营销、计量等专业数据，综合考虑客户个性化定制及模型公用性原则，对原始数据进行抽象和产品建模，进而对数据产品进行数据处理和模型加工，生成数据产品目标结果集。建立可复用的对外数据台账，经过适当的数据脱敏、数据脱密后，按照数据对外“可用不可见”原则，将数据服务发布为数据服务 API，同步将数据服务 API 作为数据产品注册至贵阳大数据交易所、南网数据中心对外门户、深圳大数据交易所等平台，扩大产品的销售渠道。

当外部用户有购买意向时，统一由南网数据中心对外门户向外提供数据产品供应，将脱密后的数据产品经专线或互联网固定网际互联协议（Internet Protocol，IP），点对点交付至终端客户，完成交易闭环。在产品交易流程中，开发完成的产品提交交易门户（如贵阳大数据交易所、南网数据中心对外门户）上架（见图 6-8），由交易门户对产品合规性进行审查并发布上架。外部数据需求方向贵州电网申请数据交易，在安全监管系统监管，流通链业务系统和隐私计算平台辅助下，实施交易合规性审查、数据样例提供、合同签订备案、交易支付监管。

6.3.2.2 应用场景

基于大数据交易所数据交易基础体系和数据交易规则体系，数据需求方根据数据产品（服务）具体使用场景与贵州电网联系，坚持“一事一议”原则，签订数据保密协议后开展数据服务。2022 年，贵州电网与政府单位共签署 20 余份数据协议，助力政府职能监管，精准施策。基于电量数据，协同建设贵州“能源云”“金融云”等信息化平台，整合能源生产、安全、运行以及市场监管等数据信息，建立能源行业数据共享机制，辅助政府对能源行业进行监管调度和运行分析。同时，完成与银行、征信等机构等对接，签订商务合作合同，激发电力数据要素价值，促进电力数据资产价值变现。贵州电网电力数据荣誉证书及建设成效如图 6-9 所示。

6.3.3 实施成效

贵州电网积极将数据产品惠及数字政府、数字企业、数字社会多方面，为政府经济分析提供支撑，助力提高政府数字化治理能力，辅助政府精准施策；为企业经营管理、业务活动规划提供重要参考；协作金融机构，优化贵州省营商环境。

贵州电网在对全网多源异构数据进行有效整合的基础上，充分发挥大数据规模优势，聚焦数据产品和服务，挖掘拓展数据需求场景，电力数据产品“百花齐放”。在大数据交易所上线全国第一个电力大数据专区，设计的核心产品体系包含 4 大类 28 个产品及 1 个特色服务。

贵州电网基于电力大数据专区产品“企业用电行为分析”与中鼎资信评级服务有限公司合作，交易金额预估可达数十万元。搭建强有力综合分析模型，用于评估企业信用等级，填补企业征信评估过程中电力数据空缺情况，给企业商业合作提供有效参考依据。提升贵州营商环境，助力实体经济。该笔交易实现首笔场内产品交易、首个通过“数据产品价格计算器”定价等多个首创。

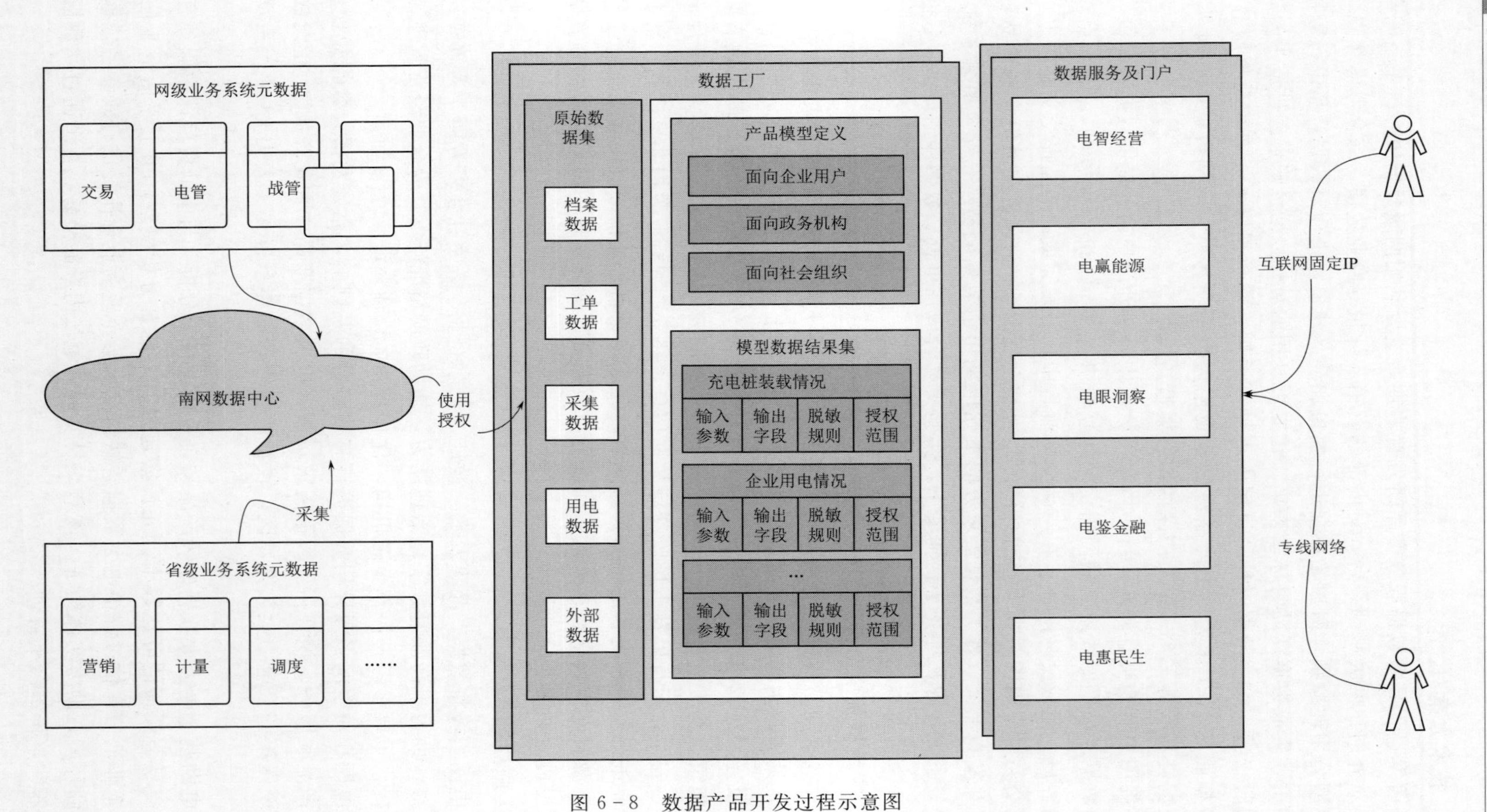

图6-8 数据产品开发过程示意图

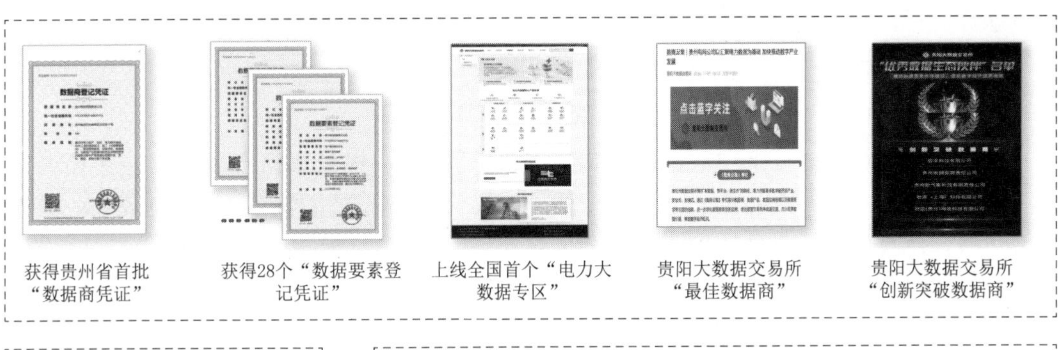

积极主动对接"能源云""金融云"等信息化平台，助力政府精准施策

- 安顺市月度用电量分析
- 黔南州月度预售电量统计
- 黔东南行业分类售电量对外开放
- 信用信息归集共享
- 黔西南州大数据局
- 遵义市数据中台接入窃电数据、用户欠费数据
- 贵安能源互联支撑云平台
- 毕节电量统计监测

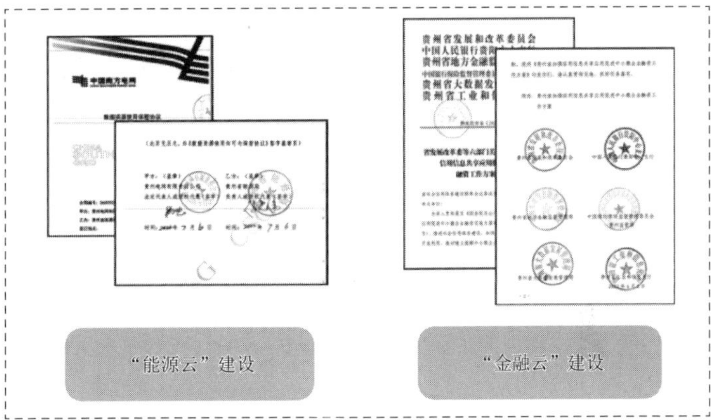

图 6－9　贵州电网电力数据荣誉证书及建设成效

贵州电网基于电力大数据专区建设、产品交易等成果产出获新华网、人民网、中国电力报等30余家重磅媒体报道，提升品牌影响力，带动数据要素市场活力，如图 6－10 所示。

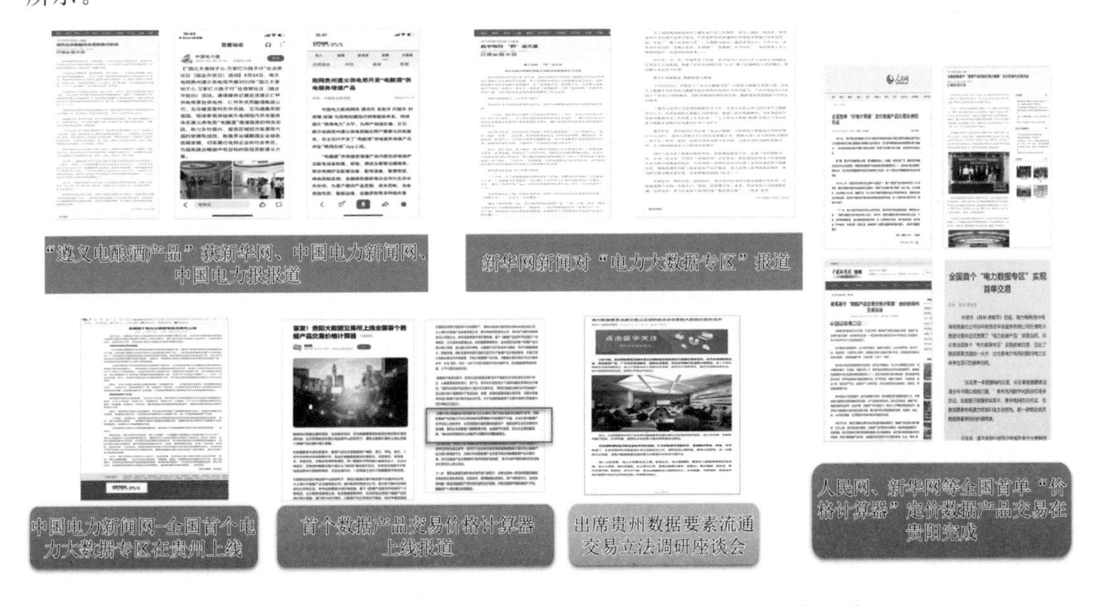

图 6－10　获得新华网、人民网、中国电力报等重磅媒体报道

6.3.4 创新亮点

6.3.4.1 社会效益

贵州电网试水全国首个“数据产品交易价格计算器”，规范数据产品定价，弥补现有单一议价定价方式，有效补全了“报价－估价－议价”价格形成路径中的关键环节，促进公平交易，使数据产品交易环境将更安全可靠。

贵州电网与中鼎资信评级服务有限公司合作搭建强有力综合分析模型，用于评估企业信用等级，填补企业征信评估过程中电力数据空缺情况，给企业商业合作提供有效参考依据。提升贵州营商环境，助力实体经济。

贵州电网完成首笔基于“数据产品交易价格计算器”估价的场内交易，发挥央企影响力，为数据要素流通打造“贵州样板”。

6.3.4.2 经济效益

贵州电网就“企业用电行为分析”产品与中鼎资信评级服务有限公司签署首笔场内数据产品交易，交易金额预估可达数十万元。

6.4 煤矿用电安全监管应用

6.4.1 背景描述

《中共中央国务院关于推进安全生产领域改革发展的意见》中要求构建国家、省、市、县四级重大危险源信息管理体系，对重点行业、重点区域、重点企业实行风险预警控制，有效防范重特大生产安全事故。到2030年实现安全生产治理体系和治理能力现代化；要提升现代信息技术与安全生产融合度，加快安全生产信息化建设。

《国家煤矿安监局信息化建设指导意见》（煤安监办〔2019〕24号）和《国家煤矿安监局关于加快推进煤矿安全风险监测预警系统建设的指导意见》（煤安监办〔2019〕42号）中提出“通过建立煤矿安全生产经营、管理信息采集子系统，自动采集与安全相关的数据，进行分析，为监管监察提供企业大数据支撑”。

针对煤矿企业生产活动中存在超强度、超能力、偷采超产等重大隐患和违法违规行为监管监察信息化技术手段欠缺的痛点，项目通过构建煤炭行业企业生产情况分析数据共享平台，建设基于电力大数据的煤炭行业企业生产情况分析系统，动态监测企业安全生产情况，精准生成煤矿企业生产画像，输出分析报告，实现违规生产行为预测预警，满足矿山监管监察部门服务需求。

6.4.2 案例内容

6.4.2.1 技术方案

1. 煤炭行业企业生产情况分析数据共享平台

数据集成。根据煤矿企业电力数据采集规范、数据接入方案，联合数据源管理单位开展煤矿电力数据、基础信息、安全监测、人员定位、设备监测等数据采集接入，确保数据和数据源的一致性、时效性、真实性和安全性。根据数据量和计算的工作量估算所需要的节点个数，并动态地将数据在结点间迁移，以实现负载均衡。

数据质量监控平台。实现数据共享平台的数据采集传输实时监控，包括数据接入量、接入范围、关键数据采集点异常信息、数据传输状态、数据合格率等，为用户提供多维度查询功能，精准定位异常点及分析原因等，保障系统平稳运行和数据稳定传输。

2. 基于电力大数据的煤炭行业企业生产情况分析模型研究

利用采集的煤矿行业企业电力监测数据、基础数据、人员定位数据、安全监测数据、水文监测数据、重大设备监测数据、空间地理信息数据，利用大数据、云计算、人工智能技术动态定位煤矿超能力、超强度、停产偷采等违法违规行为，精准研判煤矿复工复产动态，为政府监管监察提供有效的异常预警数据及解释，辅助监管监察部门针对性开展执法工作。

基于采集的数据和现有应用成熟的分类算法、聚类算法、预测算法以及关联分析算法等数据挖掘和机器学习技术手段，研究构建：①煤矿企业电力消耗分类预估计算模型，以及煤矿企业超能力、超强度违规生产监测预警模型；②煤矿企业疑似停产偷采违法行为监测预警模型；③煤矿企业非计划停电报警模型；④煤矿企业复工复产监测分析模型；⑤关键数据采集点异常监测预警模型；⑥煤矿企业违规行为研判算法持续调优模型；⑦基于空间地理信息系统（Geographic Information System，GIS）的煤矿企业区域电耗异常分级预警模型。

3. 基于电力大数据的煤炭行业企业生产情况分析系统研发及应用

利用基于电力大数据的煤炭行业企业生产情况分析模型研究成果建立煤炭行业企业生产情况分析系统，实现煤炭行业企业超能力、超强度生产监测、分析、报警、预警，停产煤矿偷采嫌疑辨识，煤炭行业复工复产情况分析等能力，动态生成煤矿企业生产行为精准画像、分析报告、预警报警信息等，满足矿山监管监察部门的应用需求。煤炭行业企业生产情况分析数据共享平台技术架构如图 6-11 所示。

6.4.2.2 应用场景

系统总体技术架构由基础设施层、数据层、服务层和业务应用层构成。

基础设施层包括服务器、存储、网络设备等资源，为基础设施即服务层提供物理硬件基础，并为计算资源、存储资源和网络资源奠定最底层的物理介质基础。

数据层实现煤炭行业电力数据的采集汇聚，煤矿基础信息、安全监测、人员定位、设备监测等集成接入，提供数据存储、数据整合、数据清洗、数据转换、数据加载、数据共享、数据分析与查询、数据挖掘、数据管理等服务，配置人工智能、机器学习、模式识别、统计分析、数据库、可视化技术等服务平台。

在服务层，系统搭建 GIS 服务、数据交换服务、消息推送服务、研判模型运算服务、图表服务等支撑平台。

业务应用层构建基于电力大数据建设煤炭行业企业生产情况分析系统，包括数据质量监控平台、电力大数据可视化平台、电力数据集成管理、煤矿企业违规生产行为分析报告、违规生产研判模型管理平台、消息管理平台等业务应用子模块。

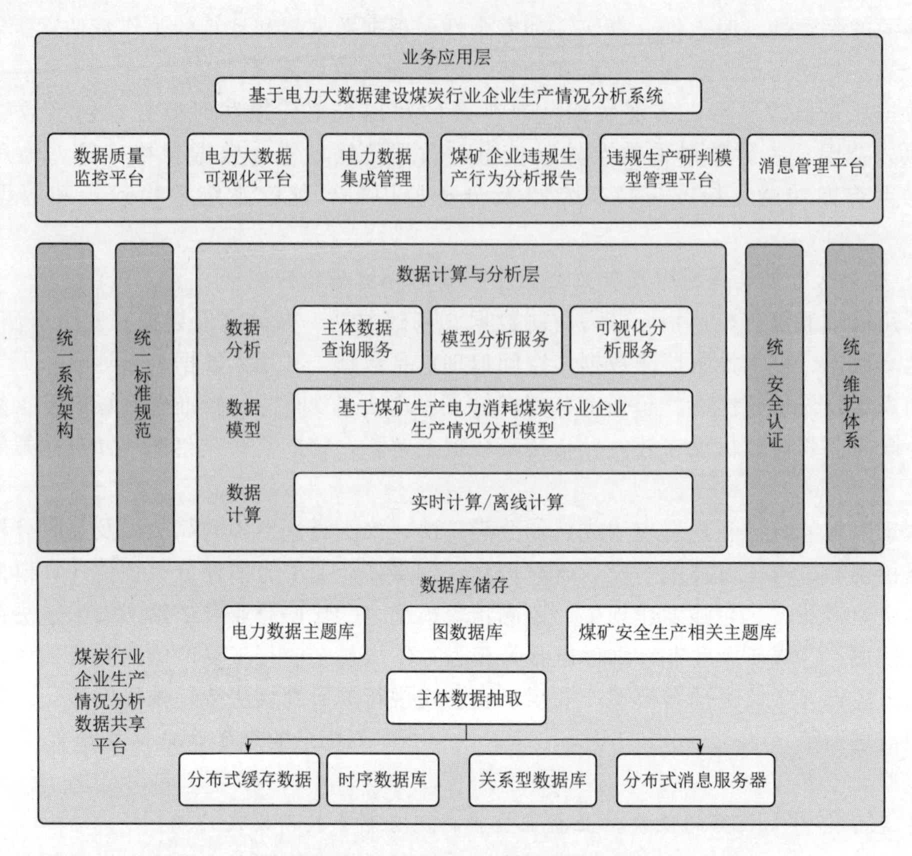

图 6-11 煤炭行业企业生产情况分析数据共享平台技术架构

6.4.3 实施成效

通过本产品建设，满足国家矿山安全监察部门服务需求，开展电力大数据的动态分析计算，实现违法违规生产行为的预测预警，动态监测企业生产情况，为煤炭行业远程监管监察、现场检查等提供数据支持和重点导向。系统通过可靠性自适应的调优机制，使其长期服务于煤矿生产行为监测和隐患预判，截至 2022 年年底，系统完成相关违规违法生产活动辨识分析预警 150 余次，经过监管监察现场核查，其中 92.3%证实辨识有效。

系统依托电力大数据和煤矿安全生产过程物联感知数据集成，通过构建违规违法辨识分析模型，动态定位煤矿超能力、超强度、停产偷采等违法违规行为，为政府监管监察部门提供精准可视化平台，提高监管监察效率。系统通过构建分析算法模型实现煤矿企业超能力、超强度违规生产辨识预警；实现煤矿企业疑似停产偷采违法行为监测预警；实现煤矿企业复工复产监测分析辨识。

停产偷采违法行为辨识预警实例如下：贵州某煤矿是一座停产矿井，停产时间为 2021 年 9 月，停产后用电量逐月降低，到 2021 年 12 月用电为 1.7 万 kW·h，2021 年 1—7 月均保持同一水平，用电量波动起伏不大，直到 2022 年 8 月，用电量突增到 8.9 万 kW·h，且该矿下井人员总次数由 42 次突增到 124 次，判断该矿疑是存在停产偷采违法行为，对照 2022 年 9 月该矿监察执法数据，该矿已被强制查封停产。

6.4.4 创新亮点

6.4.4.1 社会效益

产品的建设和推广，加强了国家矿山安全监察局和3个省级监管监察部门的煤矿电力信息监管网络建设，发挥信息实效性、传递性、量度性和集约处理的作用，使国家矿山安全监察局相关领导在决策时建立在及时、准确和科学的信息基础上，使监察的总体水平不断提升，助力安全生产监管监察管理业务纳入规范和科学的轨道上来。

6.4.4.2 经济效益

根据法律定义，煤矿较大事故、一般事故通过死亡人数、重伤人数、经济损失三方面来区分。本项目按照每季度可预防1起事故，每年可预防1起较大事故计算，一年可直接避免经济损失至少7000万元（5000万元+500万元×4=7000万元）。

6.5 数据征信及时雨，助企纾困促发展——基于电力数据资产的“电力+金融”征信新模式

6.5.1 背景描述

党的二十大提出，要推动数字经济和实体经济深度融合，构建金融有效支持实体经济的体制机制，提升金融科技水平，增强金融普惠性。产业链的循环畅通离不开金融的支持，但一直以来金融供需之间信息不对称的问题普遍存在。企业对资金的短期周转需求较大，但受融资渠道、融资成本、抵押担保等因素影响，融资难、融资贵等问题长期难以有效解决。金融机构由于对产业链实体企业缺乏深入了解，往往在产品定价、风险防控等方面相对谨慎，落实国家普惠金融政策面临一定困难。

金融机构目前针对企业的贷款授信准入模型中的关键数据，特别是中小微企业的数据，大都依赖人工线下采集，采集效率低，准确性不高，外部数据接入渠道相对狭窄，无法准确全面反映中小微企业真实的经营状况。另外从授信准入模型底层逻辑看，金融机构主要采用负面清单准入及资产负债核额模型，企业的信保类贷款额度一般仍然基于纳税情况，对于一般个体工商户、初创型小微企业并不适用。国网温州供电拥有丰富的企业用户用能数据，能够帮助金融机构更快地寻找目标客户，精准服务目标客户。因此，电力数据信贷评估模型将有效改善企业与金融机构的信息不对称，实现精准借贷，提升金融普惠性和扩大应用覆盖面，弥补中小微企业获取金融服务难的短板。

6.5.2 案例内容

为拓宽金融机构对企业的贷款授信准入模型中的关键数据获取渠道，提高数据准确性，帮助金融机构全面了解企业真实经营状况，做好金融机构与企业信贷的“润滑剂”，从而解决企业融资难问题，在国网浙江省电力有限公司的指导下，国网温州供电率领属地国网浙江省电力有限公司瑞安市供电公司（以下简称“瑞安供电”）提出了基于电力大数据的“电力+金融”信贷新模式，即电力数据征信评估模型。

6.5.2.1 技术方案

电力数据征信评估模型以电力数据为主要输入，包含户名、户号、用电类别、用电分类、月用电量、缴费方式等取自供电公司营销系统的电力数据，结合银行对企业的负面清

单评价体系数据等外部信息，通过对企业（以统一社会信用代码为单位）的生产指数、成长指数、诚信指数三个指数的产能指标、产能利用指标、产能增长指标、缴费方式指标四个指标赋分后采用CRITIC进行加权计算，再加上缴费方式得分的附加分，计算得出企业的电力数据征信得分。银行根据电力数据征信评估模型得分与电力数据征信评级评分标准，得到企业综合信用评估画像，判断企业放贷额度，对企业实现精准放贷。

6.5.2.2 应用场景

电力数据征信评估模型搭建了“电力＋金融”的新型信贷模式，有助于金融机构获取企业尤其是中小微企业真实经营情况、信用评级、放贷额度等信息。相较于税银贷产品，电力数据征信产品覆盖面更广，普惠性更强，从而为中小微企业获取金融服务提供便捷性，促进企业发展。此外，电力数据征信评估模型也具有信贷风险动态监测预警功能，可通过动态跟踪企业信贷后的用电数据，定期动态监测企业经营状况，以实现提早发现和判别信贷风险，减少或避免信贷风险损失。电力数据征信评估模型系统架构如图6－12所示。

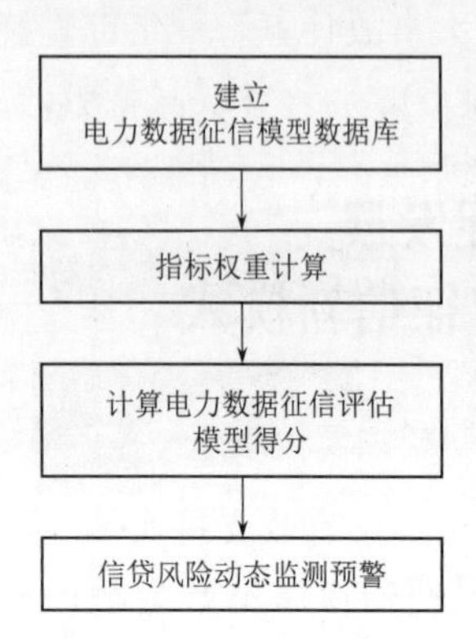

图6－12 电力数据征信评估模型系统架构图

1. 建立电力数据征信模型数据库

结合新出台的“数据二十条”三权分置的要求，国网温州供电指导瑞安供电与电力用户签订《用户数据使用授权书》，从而合法获得数据持有权，并对数据资源进行加工经营。按照重要性原则，国网温州供电从瑞安供电的营销系统提取户名、户号、用电类别、用电分类、月用电量、缴费方式等电力数据。建立数据清洗机制，将新装、销户、连续3个月用电量为零或连续6个月用电量不正常的用户判定为剔除对象，作为数据缺失、数据冗余、常识性错误等进行数据清洗，最后形成可分析的数据库。电力数据征信模型数据库构成见表6－6。

表6－6 电力数据征信模型数据库构成

序号	数据类型	字段	数据来源
1	电力数据	户名	供电公司营销系统
2		户号	
3		用电类别	
4		用电分类	
5		月用电量	
6		缴费方式	
7	外部信息	负面清单评价体系数据	瑞安农商银行

选取温州所属的某农商银行为合作对象，银行负面清单评价体系见表6－7，对于负面清单评分出现负分的企业，原则上将不能准入，不予以贷款业务受理，通过对比负面清单名单数据，剔除负面清单内的企业数据。

2. 指标权重计算

根据评估模型内含指标赋分后采用CRITIC进行加权计算。CRITIC属于客观赋权法，其利用数据的波动性或者数据之间的相关关系情况进行权重计算，综合考虑了数据波动情况和指标间的相关性，更适用本模型。对产能指标、产能利用指标、产能增长指标、缴费方式指标四个指标依据 CRITIC 进行综合评价，形成原始数据矩阵，由于每个指标数量级、单位等不同，需进行数据标准化处理，计算指标数据的变异性、冲突性、信息量得出指标权重。电力数据征信模型数据库构成见表 6-8。

表 6-7　银行负面清单评价体系

<table>
<tr><th>序号</th><th>模块</th><th>评分项序号</th><th>评 分 项</th><th>评分标准</th><th>评分</th></tr>
<tr><td rowspan="12">1</td><td rowspan="12">企业合规经营模块</td><td rowspan="2">1</td><td rowspan="2">是否存在经营异常名录信息</td><td>是</td><td>−1</td></tr>
<tr><td>否</td><td>0</td></tr>
<tr><td rowspan="2">2</td><td rowspan="2">是否存在严重违法失信企业名单信息</td><td>是</td><td>−3</td></tr>
<tr><td>否</td><td>0</td></tr>
<tr><td rowspan="2">3</td><td rowspan="2">企业环境行为信用等级是否为“E”或“D”</td><td>是</td><td>−5</td></tr>
<tr><td>否</td><td>0</td></tr>
<tr><td rowspan="2">4</td><td rowspan="2">是否存在税务重大税收违法黑名单信息</td><td>是</td><td>−11</td></tr>
<tr><td>否</td><td>0</td></tr>
<tr><td rowspan="2">5</td><td rowspan="2">是否存在拖欠工资黑名单</td><td>是</td><td>−21</td></tr>
<tr><td>否</td><td>0</td></tr>
<tr><td rowspan="2">6</td><td rowspan="2">是否存在工商吊销企业信息</td><td>是</td><td>−100</td></tr>
<tr><td>否</td><td>0</td></tr>
<tr><td colspan="6">…</td></tr>
</table>

表 6-8　电力数据征信模型数据库构成

CRITIC 权重计算结果				
项	指标变异性	指标冲突性	信息量	权重/%
产能指标	A1	A2	A3	A4
产能利用指标	B1	B2	B3	B4
产能增长指标	C1	C2	C3	C4

3. 计算电力数据征信评估模型得分

电力数据征信评估模型如图 6-13 所示。设置其计算公式，即企业的电力数据征信分值＝A4×产能指标得分＋B4×产能利用指标得分＋C4×产能增长指标得分＋缴费方式得分。根据得分对应的信用评级，银行将予以贷款业务受理。电力数据征信贷款额度根据企业实际经营需求确定，分别确定信用贷款和保证贷款上

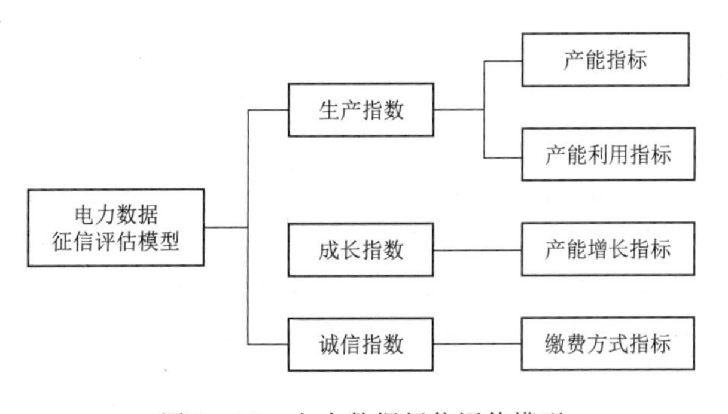

图 6-13　电力数据征信评估模型

限和下限。同时设置贷款金额公式，按照产能指标、产能增长指标、产能利用指标及缴费方式指标来测算企业具体贷款金额，如测算额度低于最小贷款额，按照最小贷款额进行确定。

4. 信贷风险动态监测预警

在为企业发放贷款后，对其后续进行用电监测，利用评估模型持续跟踪放贷企业经营情况，计算电力数据征信评估得分变化趋势。若评估得分相对稳定，总体分值变化不大，说明企业生产相对稳定，信贷风险较低；若电力数据征信评估得分逐步上升，则反映出企业生产需求不断增加，可推测企业在贷款后扩大了产能，企业经营情况较好，信贷风险较低；若电力数据征信评估得分有明显波动下降，产能指标与产能利用指标均有下降趋势，说明企业生产经营状况有下滑趋势，后续需加以关注。

6.5.3 实施成效

在国网浙江电力有限公司的全力指导下，国网温州供电依托电力用户数据，与银行开展深度合作，获取其对企业的负面清单评价体系数据、用户信贷数据，共同开发完善电力数据征信信贷评估模型，以 2021 年 1 月 1 日至 2023 年 2 月 28 日为期间，选取 26 个月的大工业、普通工业用户为样本研究分析，具体成效如下：

（1）落地全省首单电力数据进场交易。2023 年 5 月 31 日，在国网温州供电推动下，开展的电力数据应用征信类业务场景在中国（温州）数安港签约，标志着全省首单电力数据进场交易落地温州，实现电力数据资产在征信领域零的突破，为后续电力数据资产确权、经营、入表等工作奠定了基础，获得了温州市政府领导的肯定批示。

（2）有效助力金融机构实现精准放贷。电力数据征信产品汇聚了企业用电数据与银行方负面清单评价体系数据，建立工商业中小微企业“电力＋金融”数据仓，形成用户生产经营及管理状况的画像。一是让金融机构更深入了解中小微企业的生产经营状况，通过多维度数据分析，使贷款业务真正有据可依，帮助中小微企业纾困解难；二是金融机构利用该数据模型进行贷后管理，持续跟踪企业获贷后的生产经营状况，提早发现和判别信贷风险，减少或避免信贷损失，有利于维护银企关系，促进产融协同发展。

（3）切实拓宽中小微企业融资渠道。依托电力大数据的“电力＋金融”信贷新模式，国网温州供电协助银行建立企业电力评估模型，评估有贷款需求的客户的电力指数，确定其信用等级。截至目前，已有多家中小微企业享受到电力数据征信产品带来的普惠金融作用，尤其有部分企业在无法使用其他信用贷款产品的情况下，顺利使用电力数据征信产品完成借贷。中小微企业不仅能快速获得相应的信用贷款，同时利率参照同类贷款再下浮 100 个基点，切实降低中小微企业融资成本。

6.5.4 创新亮点

为助力建设浙江共同富裕示范区相适应的金融体制，国网温州供电积极响应国网浙江电力产融协同发展战略大局，根据温州作为全国金融示范性城市的定位，主动承担数据资产实证试点工作，联合外部金融机构，从数据价值应用出发，通过电力数据征信业务更好地服务中小微企业，助力地方普惠金融发展，充分体现了国网公司央企责任担当。

6.5.4.1 社会效益

贯彻落实党中央、国务院关于服务乡村振兴、优化营商环境工作系列决策部署，更好地践行“人民电业为人民”企业宗旨，国网温州供电以推动数字经济和实体经济深度融合为出发点，开发基于电力大数据的“电力＋金融”评估模型，构建金融有效支持实体经济的体制机制，提升金融科技水平，增强金融普惠性，不断提升优质服务水平，推动供电公司服务营商环境水平进入全国前列。

6.5.4.2 经济效益

电力数据征信产品的经济效益总体由两部分构成：①有效破解了中小微企业获取金融服务的过程中存在议价能力较弱、风险溢价较高导致的融资难融资贵等痛点、难点，企业只需凭借用电量、缴费情况等电力数据，就可以实现无抵押线上贷款，且利息低于商业贷款，切实减少企业融资成本，缓解资金压力；②金融机构充分运用电力数据征信评估模型的分析功能，设计建立一套基于电力大数据的完备的信贷风险的识别、评估、预警机制，早发现、早判别、早干预，有效减少或避免金融机构信贷风险损失。

第 7 章

发 展 展 望

党的十九届四中全会首次将数据纳入生产要素，并在后续出台的“数据二十条”中提出了要健全数据等生产要素由市场评价贡献、按贡献决定报酬的机制。数据应用已经渗透到了经济社会各个领域，数据资源作为数字经济时代核心生产要素，相比能源、材料等传统生产要素，以其独特的生产要素属性，正在对经济社会发展产生更为重大的深刻影响。随着能源互联网的发展，电力数据要素市场的培育和数据价值释放也成为推动能源互联网产业可持续发展的关键。

（1）电力数据要素与传统生产要素相比具有非稀缺性、强流动性、非排他性等独特属性，能够快速融入经济社会民生各个环节，激发新产业链的形成和新商业模式的诞生，深刻改变生产方式、生活方式和社会治理方式。

1）促进资源配置优化作用。数据应用大幅提升了经济社会各领域资源配置能力，降低了经济社会运行损耗。以信息流带动技术流、资金流、人才流和物资流，物流、资金、人才、技术等领域依托网络信息系统，以网络空间数据试错验证取代物理空间实物试错，可以大大降低实体经济试错成本，促进资源优化配置，提高全生产要素效率。

2）促进社会精细治理作用。数据应用正在引发政府社会治理模式发生巨大变革，推动形成“数据说话、数据决策”的数字政府。财政、金融、税收、投资、消费、出口、交通、人口等经济调节、市场监管、社会管理领域数据汇聚、开发和挖掘，让政府经济调节更加深入、精准和高效，提升了政府对市场运转的实时感知能力，促进政府社会管理和服务更加精准、高效和深入。

3）促进产业业态创新作用。数据已经成为推进产业发展的重要创新要素，基于数据的新业态发展促进了产业转型升级和经济新动能培育。基于大数据的精准营销、就近服务、网络征信、服务质量评价等服务，大大促进了供求信息对接、市场优胜劣汰、服务质量提升。基于客户需求反馈的大数据研发设计模式，让企业研发设计更加具有针对性和导向性，大幅提升了企业响应市场需求能力。

（2）发挥电力数据要素价值，关键是要对电力数据要素进行资产化管理，打造并贯通数据生产、数据分配、数据流通、数据消费四个环节，形成需求牵引供给、供给创造需求的高水平动态平衡，开创电力数据要素畅通的发展新局面。

1）数据生产环节。数据生产环节解决数据生产过程中，数据标准不统一、结构复杂、理解困难等导致的“不想干”的问题，打造数据协同创新的良好数据基础。关注数据生产过程中的数据要素产业链构建。针对不同行业或领域数据，构建涉及数据采集、加工、标注、挖掘、标签化、可视化等生产过程的数据资源开发、利用和价值实现的统一管控模式，加强数据二次开发，形成“各尽所长、分工协作”的数据资源开发利用的产业链条。

2）数据分配环节。数据分配环节解决数据分配过程中，各方权属不明、权限不清、开放范围不规范等导致的“不能干”问题，释放市场主体的参与活力。关注数据分配过程中的各方主体数据权属和权益界定。根据国内外数据法律法规现状，研判我国数据权属界定趋势，明确面向政府、企业、公众、个人等不同类型主体的数据权属和权益边界，构建针对不同主体、不同类型数据的开放范围、权责和方式，为规范数据分配过程，平衡各方合法权益奠定基础。

3）数据流通环节。数据流通环节解决数据流通过程中，潜在的数据安全和个人隐私泄露导致的各方主体“不敢干”的问题，保证数据依法合规安全流通。关注数据流通过程中的数据协同创新技术与公共服务。针对不同类型的数据流通场景，提出基于数据脱敏、数字水印和隐私计算等的数据要素协同创新技术路线，并制定完善细密的数据开放共享机制，为数据流通过程中保护数据安全和个人隐私提供技术和制度等方面公共服务。

4）数据消费环节。数据消费环节解决数据消费过程中，数据资产定价和收益分配机制缺失导致的各方主体“不会干”的问题，扩大数据增值服务空间。关注数据消费过程中的数据资产定价方法和交易机制。依托不同类型应用场景，提出科学的数据资产定价方法，探索构建能源电力数据交易市场，为数据消费过程设计可持续的数据资产化商业模式，激活数据运营活力，提升数据增值服务效益。

（3）电力数据要素市场的培育和发展，不仅需要政策法规、理论研究、实践探索等多方面的支持和配合，还需要关注以下几个方面的发展趋势。

1）完善政策法规，保障电力数据要素市场的健康发展。电力数据要素市场的培育和发展需要以完善的政策法规作为保障。在政策法规层面，应当进一步完善电力数据要素市场政策法规，明确数据要素的权属、流转、应用和保护等方面的规定，促进数据的开放共享和流通交易。同时，应当加强数据要素市场监管力度，建立健全数据要素市场准入、退出机制和风险控制机制，保障电力数据要素市场的健康发展。

2）加强理论研究，为电力数据要素市场的实践提供指导。电力数据要素市场的培育和发展需要理论研究的支持和引导。在理论层面，应当加强电力数据要素市场基础理论研究，研究数据要素的形成、流通、使用和保护等规律，探索数据要素市场的发展趋势和方向。同时，应当注重结合电力行业的实际情况，研究制定适合电力数据要素市场发展的战略规划和政策措施，为电力数据要素市场的实践提供指导。

3）开展试点示范，推动电力数据要素市场的实践探索。电力数据要素市场的培育和发展需要进行试点示范和探索实践。在实践层面，应当选取具有代表性的地区和行业开展电力数据要素市场试点示范，探索数据要素的流通交易模式、定价机制、风险控制机制等方面的经验，参考《企业数据资源相关会计处理暂行规定》《数据资产评估指导意见》等制度文件落地电力数据资产评估及入表，推动电力数据要素市场的实践探索。同时，应当加强与国内外其他地区和行业的交流合作，借鉴先进的经验和做法，促进电力数据要素市场的快速发展。

4）搭建生态联盟，促进电力数据要素市场的合作共赢。电力数据要素市场的培育和发展需要搭建生态联盟，促进各方的合作共赢。在合作层面，应当搭建电力数据要素市场生态联盟，吸纳政府、企业、科研机构、社会团体等各方力量参与，共同推动电力数据要素市场的建设和发展。同时，应当加强与国内外其他数据要素市场的交流合作，开展跨地区、跨行业的合作交流，实现资源共享和优势互补，促进电力数据要素市场的合作共赢。

5）强化安全管理，保障电力数据要素市场的安全稳定。电力数据要素市场的培育和发展需要强化安全管理，保障市场的安全稳定。在管理层面，应当强化电力数据要素安全管理能力建设，建立健全电力数据要素安全管理制度和技术保障体系，保障电力数据要素在流通交易过程中的安全性和稳定性。同时，应当加强对数据要素市场的风险评估和监测预警，及时发现和处理市场中的异常情况和风险隐患，保障电力数据要素市场的安全稳定。

6）推进技术设施建设，提升电力数据要素市场的技术支撑能力。电力数据要素市场的培育和发展需要推进技术设施建设，提升市场的技术支撑能力。在设施层面，应当推进电力数据要素市场配套的技术设施建设，包括数据中心、云计算平台、大数据分析平台等基础设施建设，提升电力数据要素市场的技术支撑能力。同时，应当注重技术创新和研发，推动新技术在电力数据要素市场中的应用和推广，提升市场的技术水平和服务能力。

总体来说，电力数据要素市场的培育和发展是一个系统的工程，需要多方面的支持和配合。未来应当从政策法规、理论研究、实践探索、合作交流、安全管理、技术设施等多个方面入手，加大指导和支持力度，推动电力数据要素市场快速突破发展，为能源互联网产业的可持续发展做出更大的贡献。

主要缩略语

序　号	缩 略 语	释　义
1	ADC	Analog to Digital Converter，模数转换器
2	AESO	Alberta Electric System Operator，加拿大阿尔伯塔省电力系统运营商
3	AHP	Analytic Hierarchy Process，层次分析法
4	AIGC	Artificial Intelligence Generated Content，生成式人工智能
5	AP	Access Point，接入点
6	API	Application Programming Interface，应用程序编程接口
7	ARM	Advanced RISC Machine，安谋国际科技股份有限公司，是软银旗下芯片设计公司
8	ASR	Automatic Speech Recognition，自动语音识别
9	BI	Business Intelligence，商业智能
10	ChatGPT	Chat Generative Pre-trained Transformer，人工智能技术驱动的自然语言处理工具
11	CRITIC	Criteria Importance Through Intercriteria Correlation，一种客观权重赋权法
12	CURD	Create-Update-Read-Delete，定义了创建、更新、读取和删除的处理数据基本原子操作
13	DCC	Digital Curation Center，英国数字保存中心
14	DM	Data Mart，数据集市
15	DMZ	Demilitarized Zone，隔离区
16	DNP3	Distributed Network Protocol 3，分布式网络协议 3
17	DPB	Data Protection Bill，数据保护法案
18	DROMS	Demand Response Optimization and Management System，需求响应优化及管理系统
19	DRs	Data Reduction system，数据要素计量单位
20	DT	Data Technology，数据技术
21	DW	Data Warehouse，数据明细层
22	EDP	Energy Data Platform，能源数据云平台
23	EEX	European Energy Exchange，欧洲能源交易所
24	EIA	Energy Information Administration，美国能源信息署

续表

序号	缩略语	释义
25	EMC	Energy Market Company，新加坡能源市场公司
26	ENTSO-E	the European Network of Transmission System Operators for Electricity，欧洲互联电网
27	EPSIS	Electric Power Statistical Information System，韩国电力交易所电力统计信息系统
28	ETL	Extract-Transform-Load，抽取、转换、加载
29	EU	European Union，欧盟
30	FEA	Federal Energy Administration，联邦能源管理局
31	FedMEC	federated learning scheme in mobile edge computing，一种利用移动边缘计算的联邦学习框架
32	FPGA	Field Programmable Gate Array，现场可编程门阵列
33	GDPR	General Data Protection Regulation，通用数据保护条例
34	GIS	Geographic Information System，地理信息系统
35	GSMA	Global System for Mobile communications Association，全球移动通信系统协会
36	HDFS	Hadoop Distributed File System，Hadoop 分布式文件系统
37	HSAP	Hybrid Serving/Analytical Processing，服务分析一体化
38	IASB	International Accounting Standards Board，国际会计准则理事会
39	IEC	International Electrotechnical Commission，国际电工委员会
40	IEEE	Institute of Electrical and Electronics Engineers，电气和电子工程师协会
41	IP	Internet Protocol，网际互连协议
42	IT	Internet Technology，互联网技术
43	MCU	Microcontroller Unit，微控制单元
44	MEMS	Micro-Electro-Mechanical System，微机电系统
45	MPC	Secure Multi-Party Computation，多方安全计算
46	NLG	National Leisure Generation，自然语言生成
47	NLU	Natural Language Understanding，自然语言理解
48	OCR	Optical Character Recognition，光学字符识别
49	ODS	Operational Data Store，操作型数据存储
50	OLAP	On-Line Analysis Processing，在线分析处理
51	OS	Operating System，操作系统
52	OSS	Operation Support System，操作支撑系统
53	OTA	Over The Airtechnology，空中下载技术
54	QPS	Queries Per Second，每秒钟处理的请求数量
55	SaaS	Software as a Service，软件即服务
56	SDS	Software Defined Storage，软件定义存储

续表

序　　号	缩 略 语	释　　义
57	SGX	Software Guard Extensions，一种嵌入式的硬件技术
58	SQL	Structured Query Language，结构化查询语言
59	SVG	Scalable Vector Graphics，可缩放矢量图形
60	TCG	Trusted Computing Group，可信计算组织
61	TEE	Trusted Execution Environment，可信执行环境
62	VM	Virtual Machine，虚拟机

参 考 文 献

[1] 蔡跃洲，刘悦欣. 数据流动交易模式分类与规模估算初探 [J]. China Economist，2022，17 (6)：78 - 112.

[2] 周汉华. 网络法治的强度、灰度与维度 [J]. 法制与社会发展，2019，25 (6)：67 - 80.

[3] 中华人民共和国中央人民政府. 中华人民共和国国民经济和社会发展第十四个五年规划和2035年远景目标纲要 [EB/OL]. (2021 - 03 - 13) [2023 - 04 - 12]. http://www.gov.cn/xinwen/2021 - 03/13/content_5592681.htm.

[4] 全国人民代表大会. 关于《中华人民共和国数据安全法（草案）》的说明 [EB/OL]. (2021 - 06 - 11) [2023 - 04 - 12]. http://www.npc.gov.cn/npc/c30834/202106/2ecfc806d9f1419ebb03921ae72f217a.shtml.

[5] 中国（温州）数安港，全称“中国（温州）数据智能与安全服务创新园”。系由浙江省温州市人民政府基于“数字浙江”建设的政策部署，设立形成的，这是以一个创新产业园区、一个大数据联合计算中心、一套数据安全与合规体系、一系列专业司法保障部门等“九个一”架构起来的数安港，通过推动数据产业全链条深度融合，为全国数据要素市场化配置改革探路先行，蹚出合法合规的数据市场化新路径。

[6] 中国数安港. 数据共享开放和数据安全隐私保护的合规破解之道——中国数安港“中立国”模式 [EB/OL]. (2023 - 01 - 05) [2023 - 04 - 10]. https://mp.weixin.qq.com/s/_mXKXeEBkUs1bzsHwvNsUg.

[7] 蔡跃洲，刘悦欣. 数据流动交易模式分类与规模估算初探 [J]. China Economist，2022，17 (6)：78 - 112.

[8] 张莉，卞靖. 数据要素定价问题探析 [J]. 中国物价，2022 (4)：116 - 118，125.

[9] 童楠楠，窦悦，刘钊因. 中国特色数据要素产权制度体系构建研究 [J]. 电子政务，2022 (2)：12 - 20.

[10] 刘方，吕云龙. 健全我国数据产权制度的政策建议 [J]. 当代经济管理，2022，44 (7)：24 - 30.

[11] 广东经济. 中国特色社会主义产权经济学理论和产权制度研究 [EB/OL]. (2021 - 08 - 10) [2023 - 07 - 16]. https://mp.weixin.qq.com/s/rKRj2dB16smPVdXm1EZ2cw.

[12] 李爱君，夏菲. 论数据产权保护的制度路径 [J]. 法学杂志，2022，43 (5)：17 - 33，2.

[13] 魏益华，杨璐维. 数据要素市场化配置的产权制度之理论思考 [J]. 经济体制改革，2022 (3)：40 - 47.

[14] 冯晓青. 大数据时代企业数据的财产权保护与制度构建 [J]. 当代法学，2022，36 (6)：104 - 120.

[15] 申卫星. 数据产权：从两权分离到三权分置 [EB/OL]. (2023 - 05 - 08) [2023 - 07 - 16]. https://mp.weixin.qq.com/s/26SFb9tWp9J_iZN1KBCQgw.

[16] 周汉华. 数据确权的误区 [J]. 法学研究，2023，45 (2)：3 - 20.

[17] 贵阳大数据交易所. 积极探索数据资产入表机制激活数据要素市场发展内生动力 [EB/OL]. (2023 - 02 - 27) [2023 - 05 - 10]. http://news.sohu.com/a/647122735_398084.

[18] 国家信息中心、国家电子政务外网管理中心. 积极探索数据资产入表机制激活数据要素市场发展内生动力 [EB/OL]. (2023 - 02 - 16) [2023 - 05 - 10]. http://www.sic.gov.cn/News/610/

11812. htm.
[19] 朱圆. 论信托的性质与我国信托法的属性定位 [J]. 中外法学，2015，27 (5)：1215 - 1232.
[20] 周辉，张心宇. 探索建立新型数据信托机制 [EB/OL]. (2023 - 05 - 12) [2023 - 07 - 03]. https://mp. weixin. qq. com/s/hKRm6MqnNfH8InZsDZTziA.
[21] 黄京磊，李金璞，汤珂. 数据信托：可信的数据流通模式 [J]. 大数据，2023，9 (2)：67 - 78.
[22] 李彬，杨帆. 区块链技术在电力供需互动领域的应用设想 [J]. 电力决策与舆情参考，2020，41 (10).
[23] 中国数安港. "电力数据＋企业征信" 创新融通，浙江首单电力数据场内交易落地中国数安港 [EB/OL]. (2023 - 06 - 01) [2023 - 07 - 06]. https://mp. weixin. qq. com/s/2zkmzCxdlBaPSXKwRUNU1w.
[24] 许可. 自由与安全：数据跨境流动的中国方案 [J]. 环球法律评论，2021，43 (1)：22 - 37.
[25] 李三希，李嘉琦，刘小鲁. 数据要素市场高质量发展的内涵特征与推进路径 [J]. 改革，2023 (5)：29 - 40.
[26] 国资报告. 南方电网的数字化转型之道 [EB/OL]. (2023 - 05 - 05) [2023 - 07 - 16]. https://mp. weixin. qq. com/s/9_tKLLRlTiGDlVvMZ9Sf5g.
[27] 中国信息通信研究院. 全球数字经济白皮书 (2022 年) [R]. 北京：2022 全球数字经济大会，2022.
[28] 中国信息通信研究院. 数据要素白皮书 (2022 年) [R]. 北京：2023 年中国信通院 ICT＋深度观察报告会数据要素分论坛，2023.
[29] 中国信息通信研究院. 数据要素白皮书 (2023 年) [R]. 北京：2023 年数据要素发展大会，2023.
[30] 国家工业信息安全发展研究中心. 中国数据要素市场发展报告 (2021—2022) [R]. 上海：2022 全球数商大会，2022.
[31] 中国信息通信研究院. 中国数字经济发展研究报告 (2023 年) [R]. 福州：第六届数字中国建设峰会，2023.
[32] 中国南方电网有限责任公司. 南方电网公司电力数据应用实践白皮书 [R]. 广州：2023 全国大数据标准化工作会议暨全国信息标准工作组第九次全会，2023.
[33] 国家工业信息安全发展研究中心. 数据价值化与数据要素市场发展报告 (2021) [R]. 2021.
[34] 全国信标委大数据标准工作组. 数据要素流通标准化白皮书 (2022 版) [R]. 上海：2022 全球数商大会，2022.
[35] 大数据技术标准推进委员会. 数据资产管理实践白皮书 (6.0 版) [R]. 北京：第五届数据资产管理大会，2023.
[36] 上海市数商协会等. 全国数商产业发展报告 (2022) [R]. 2022.
[37] 中国信息通信研究院安全研究所. 数据要素流通视角下数据安全保障研究报告 [R]. 2022.
[38] 上海数据交易所等. 数据要素视角下的数据资产化研究报告 [R]. 上海：2022 全球数商大会数据资产主题论坛，2022.
[39] 《中共中央国务院关于构建更加完善的要素市场配置体制机制的意见》[M]. 2020 (03).
[40] 王今朝，窦一凡，黄丽华，等. 数据产品交易的定价研究：进展评述与方法比较 [J]. 价格理论与实践，2023 (4)：22 - 27.
[41] 中国信息通信研究院. 大数据白皮书 (2022 年) [R]. 北京：第五届数据资产管理大会，2023.